IPA-IAO

Forschung und Praxis

Band 219

Berichte aus dem
Fraunhofer-Institut für Produktionstechnik
und Automatisierung (IPA), Stuttgart,
Fraunhofer-Institut für Arbeitswirtschaft
und Organisation (IAO), Stuttgart,
Institut für Industrielle Fertigung und
Fabrikbetrieb der Universität Stuttgart und
Institut für Arbeitswissenschaft und
Technologiemanagement, Universität Stuttgart

Herausgeber: H. J. Warnecke und H.-J. Bullinger

Manfred Kroneberg

Benutzerwerkzeuge an Fertigungssteuerungs-Leitständen

Mit 84 Abbildungen

Springer-Verlag Berlin Heidelberg GmbH

Dipl.-Ing., Dipl.-Kfm. Manfred Kroneberg
Fraunhofer-Institut für Arbeitswirtschaft und Organisation (IAO), Stuttgart

Prof. Dr.-Ing. Dr. h. c. Dr.-Ing. E. h. H. J. Warnecke
o. Professor an der Universität Stuttgart
Fraunhofer-Institut für Produktionstechnik und Automatisierung (IPA), Stuttgart

Prof. Dr.-Ing. habil. Dr. h. c. H.-J. Bullinger
o. Professor an der Universität Stuttgart
Fraunhofer-Institut für Arbeitswirtschaft und Organisation (IAO), Stuttgart

D 93

ISBN 978-3-540-60096-1 ISBN 978-3-662-06023-0 (eBook)
DOI 10.1007/978-3-662-06023-0

Gesamtherstellung: Copydruck GmbH, Heimsheim
SPIN: 10507567 62/3020-6543210

Geleitwort der Herausgeber

Über den Erfolg und das Bestehen von Unternehmen in einer marktwirtschaftlichen Ordnung entscheidet letztendlich der Absatzmarkt. Das bedeutet, möglichst frühzeitig absatzmarktorientierte Anforderungen sowie deren Veränderungen zu erkennen und darauf zu reagieren.

Neue Technologien und Werkstoffe ermöglichen neue Produkte und eröffnen neue Märkte. Die neuen Produktions- und Informationstechnologien verwandeln signifikant und nachhaltig unsere industrielle Arbeitswelt. Politische und gesellschaftliche Veränderungen signalisieren und begleiten dabei einen Wertewandel, der auch in unseren Industriebetrieben deutlichen Niederschlag findet.

Die Aufgaben des Produktionsmanagements sind vielfältiger und anspruchsvoller geworden. Die Integration des europäischen Marktes, die Globalisierung vieler Industrien, die zunehmende Innovationsgeschwindigkeit, die Entwicklung zur Freizeitgesellschaft und die übergreifenden ökologischen und sozialen Probleme, zu deren Lösung die Wirtschaft ihren Beitrag leisten muß, erfordern von den Führungskräften erweiterte Perspektiven und Antworten, die über den Fokus traditionellen Produktionsmanagements deutlich hinausgehen.

Neue Formen der Arbeitsorganisation im indirekten und direkten Bereich sind heute schon feste Bestandteile innovativer Unternehmen. Die Entkopplung der Arbeitszeit von der Betriebszeit, integrierte Planungsansätze sowie der Aufbau dezentraler Strukturen sind nur einige der Konzepte, die die aktuellen Entwicklungsrichtungen kennzeichnen. Erfreulich ist der Trend, immer mehr den Menschen in den Mittelpunkt der Arbeitsgestaltung zu stellen - die traditionell eher technokratisch akzentuierten Ansätze weichen einer stärkeren Human- und Organisationsorientierung. Qualifizierungsprogramme, Training und andere Formen der Mitarbeiterentwicklung gewinnen als Differenzierungsmerkmal und als Zukunftsinvestition in *Human Recources* an strategischer Bedeutung.

Von wissenschaftlicher Seite muß dieses Bemühen durch die Entwicklung von Methoden und Vorgehensweisen zur systematischen Analyse und Verbesserung des Systems Produktionsbetrieb einschließlich der erforderlichen Dienstleistungsfunktionen unterstützt werden. Die Ingenieure sind hier gefordert, in enger Zusammenarbeit mit anderen Disziplinen, z.B. der Informatik, der Wirtschaftswissenschaften und der Arbeitswissenschaft, Lösungen zu erarbeiten, die den veränderten Randbedingungen Rechnung tragen.

Die von den Herausgebern geleiteten Institute, das

- Institut für Industrielle Fertigung und Fabrikbetrieb der Universität Stuttgart (IFF),

- Institut für Arbeitswissenschaft und Technologiemanagement (IAT

- Fraunhofer-Institut für Produktionstechnik und Automatisierung (IPA),

- Fraunhofer-Institut für Arbeitswirtschaft und Organisation (IAO

arbeiten in grundlegender und angewandter Forschung intensiv an den oben aufgezeigten Entwicklungen mit. Die Ausstattung der Labors und die Qualifikation der Mitarbeiter haben bereits in der Vergangenheit zu Forschungsergebnissen geführt, die für die Praxi von großem Wert waren. Zur Umsetzung gewonnener Erkenntnisse wird die Schriftenreihe "IPA-IAO - Forschung und Praxis" herausgegeben Der vorliegende Band setzt diese Reihe fort. Eine Übersicht über bisher erschienene Titel wird am Schluß dieses Buches gegeben.

Dem Verfasser sei für die geleistete Arbeit gedankt, dem Springer Verlag für die Aufnahme dieser Schriftenreihe in seine Angebotspalette und der Druckerei für saubere und zügige Ausführung. Möge das Buch von der Fachwelt gut aufgenommen werden.

H.J. Warnecke   H.-J. Bullinger

Vorwort

Die vorliegende Arbeit entstand während meiner Tätigkeit als wissenschaftlicher Mitarbeiter am Institut für Arbeitswissenschaft und Technologiemanagment (IAT) der Universität Stuttgart und am Fraunhofer-Institut für Arbeitswirtschaft und Organisation (IAO) in Stuttgart.

Herrn Univ.-Prof. Dr.-Ing. habil. Prof. e.h. Dr. h.c. H.-J. Bullinger, Leiter des Institutes für Arbeitswissenschaft und Technologiemanagment (IAT) der Universität Stuttgart und Leiter des Fraunhofer-Institutes für Arbeitswirtschaft und Organisation (IAO) in Stuttgart danke ich sehr herzlich für die wohlwollende Unterstützung und Förderung der Arbeit.

Herrn Prof. Dr.-Ing. E. Welfonder, Leiter der Abt. Stromerzeugung und Automatisierungstechnik des Institutes für Verfahrenstechnik und Dampfkesselwesen, der Universität Stuttgart, danke ich für die Übernahme des Mitberichtes und die kritische Durchsicht meiner Arbeit.

Den Kollegen, die meine Forschungsarbeit unterstützt und durch fruchtbare Diskussionen gefördert haben, und den zahlreichen Studenten, die ich an meiner Arbeit teilhaben lassen konnte, gilt mein aufrechtiger Dank. Besonders möchte ich Herrn Dr.-Ing. K.-P. Fähnrich für die zahlreichen Diskussionen und die genaue Durchsicht der Arbeit danken. Stellvertretend für die zahlreichen Kollegen seien besonders Dr.-Ing. T. Otterbein, Dr.-Ing. A. Huthmann, J. Wentges und H.-P. Laubscher erwähnt.

Eine derartige, über viele Jahre hinweg dauernde, Arbeit ist ohne die stetige Ermutigung und Unterstützung durch meine Eltern, meine Familie und meine Frau Sylvia undenkbar und undurchführbar. Hierfür danke ich Ihnen von ganzem Herzen.

Stuttgart, im April 1995 Manfred Kroneberg

INHALTSVERZEICHNIS

ABBILDUNGSBERZEICHNIS

ABKÜRZUNGSVERZEICHNIS

ATAA	Analyse von Tätigkeitsstrukturen und zur prospektiven Arbeitsgestaltung bei Automatisierung
AVO	Arbeitsvorgang
BDE	Betriebsdatenerfassung
BMFT	Bundesministerium für Forschung und Technologie
BW	Benutzerwerkzeug
CIM	Computer Integrated Manufacturing
DIN	Deutsches Institut für Normung
DV	Datenverarbeitung
E/A	Ein-/Ausgabe (-ebene)
ESPRIT	European Strategic Programme for Information Technology
FIKS	Fertigungs- Informations- und -Kommunikations-System
ISO	International Standardization Organisation
KABA	Kontrastive Aufgabenanalyse in Büro und Verwaltung
LS	Leitstand
PPS	Produktionsplanung und -steuerung
RFA	Rollen, Funktionen und Aktionen Netze
SADT	Structured Analysis and Design Technique
SQL	Structured Query Language
TBS-GA	Tätigkeitsbewertungssystem- Geistige Arbeit
UIDL	User Interface Definition Language
UIMS	User Interface Management Systems
UIT	User Interface Toolkit
VDI	Verein Deutscher Ingenieure
VERA	Verfahren zur Ermittlung von Regulationserfordernissen in der Arbeitstätigkeit

1. EINLEITUNG

Die menschengerechte Gestaltung von Arbeit und Technik durch Innovation und Prävention ist ein zentrales Anliegen von Forschern und Politikern. Früher galt das besondere Interesse des Bundesministeriums für Forschung und Technologie (BMFT) sowie der Europäischen Gemeinschaft dem korrigierenden Belastungsabbau durch Schutzregulierungen und im ESPRIT-Programm einer alleinigen computerisierten Automatisierung. Die Forschungsprogramme "Arbeit und Technik" /1/ und "ESPRIT III" /2/ betonen heute jedoch die humanzentrierte Technikgestaltung. Die gedankliche Grundlage hat sich verändert: Mensch und Technik entwickeln sich nicht mehr unabhängig voneinander und der Mensch ist nicht mehr vor einer sich verselbständigenden Technik zu schützen, sondern es sollen gemeinsame Lösungen entstehen. Die Aufgabe ist es dabei, den Mensch in seinem Handeln durch eine geeignete Technikgestaltung zu unterstützen, wobei multi-disziplinäre Anforderungen umgesetzt werden.

Dieser Ansatz wird durch die Entwicklung auf den Wettbewerbsmärkten der Unternehmen unterstützt. In der Konsumgüter- und in der Investitionsgüterindustrie werden zunehmend mehr Produkte und Produktvarianten mit verkürzten Produktlebenszyklen angeboten. Um diese Variantenvielfalt kostengünstig produzieren zu können, haben viele Unternehmen ihre Losgrößen drastisch reduziert, so daß zunehmend Unterstützungshilfsmittel für eine flexibilitätsorientierte Produktion eingesetzt werden müssen. Die Erfahrungen der letzten Jahre haben gezeigt, daß hochautomatisierte Produktionseinrichtungen (Flexible Fertigungssysteme, Roboter etc.) und hochintegrierte Planungssysteme (PPS-Systeme, Fertigungsleitsysteme, etc.) für flexible Produktionen nur begrenzt einsetzbar sind und der Mensch als Flexibilitätsträger eine wichtige Rolle im Produktionsprozeß zurückgewinnt.

Insbesondere für die Gestaltung von Softwaresystemen zur Fertigungssteuerung werden daher Ansätze benötigt, die gleichermaßen humanorientierte als auch fertigungstechnische Anforderungen erfüllen. Die Akzeptanz und die Bedienbarkeit sind dabei entscheidende Faktoren für den erfolgreichen Einsatz von Softwaresystemen zur Fertigungssteuerung.

2. ABGRENZUNG DER PROBLEMSTELLUNG

2.1. Zum Begriff Fertigungssteuerungs-Leitstand

Unter dem Begriff Leitstand soll die rechnergestützte Version des Leitstands verstanden werden, nach SCHEER/3/:

"Bei Leitständen handelt es sich um dedizierte Systeme, die über eine eigene Datenbasis verfügen und auf Workstations oder einem Personal Computer implementiert sind. Sie fußen auf einem interaktiven, den Disponenten einbeziehenden Planungskonzept. Leitstände sind durch eine gegenüber herkömmlichen EDV-Systemen verbesserte benutzerfreundliche graphische Oberfläche gekennzeichnet und bilden die Plantafel auf dem Bildschirm ab."

Leitstände werden überwiegend als Systemkomponenten im Rahmen der Produktionsplanung und -steuerung (PPS) eingesetzt (Bild 1). Dabei sollen nach WARNECKE/4/ die, in der Termin- und Kapazitätsplanung aufgestellten, Produktionsplanungsvorgaben durch eine kurzfristige Planung, Steuerung und Überwachung möglichst optimal auf den Produktionsbereich umgesetzt werden.

Durch Rückmeldungen aus dem Produktionsbereich über die stochastischen Störfälle der Fertigung entsteht ein Regelkreis über den Leitstand und Prozeßoperatur als open-loop-Rückführung. Dabei sollen die Erfahrungen der Fertigungsmitarbeiter und der Disponenten (= Bediener/ Benutzer des Leitstandes) berücksichtigt werden, um Störungen bzw. Auftragsverzögerungen zu vermeiden. Die Leitstände lassen sich in Bezug auf ihren Funktionsbereich und den primären organisatorischen Fokus unterteilen. Die Mehrzahl der Leitstände sind für den Bereich der kurzfristigen Planung und Steuerung der Werkstatt konzipiert und werden auch hierfür eingesetzt. Der Zeithorizont der Planung und Steuerung ist dabei im Verhältnis zu den üblichen Auftragsdurchlaufzeiten in den betrachteten Bereichen zu sehen. Im Rahmen der vorliegenden Arbeit werden Leitstände für die kurzfristige Planung und Steuerung von Auftrags- und Kleinserienproduktionen mit Werkstattorganisation betrachtet.

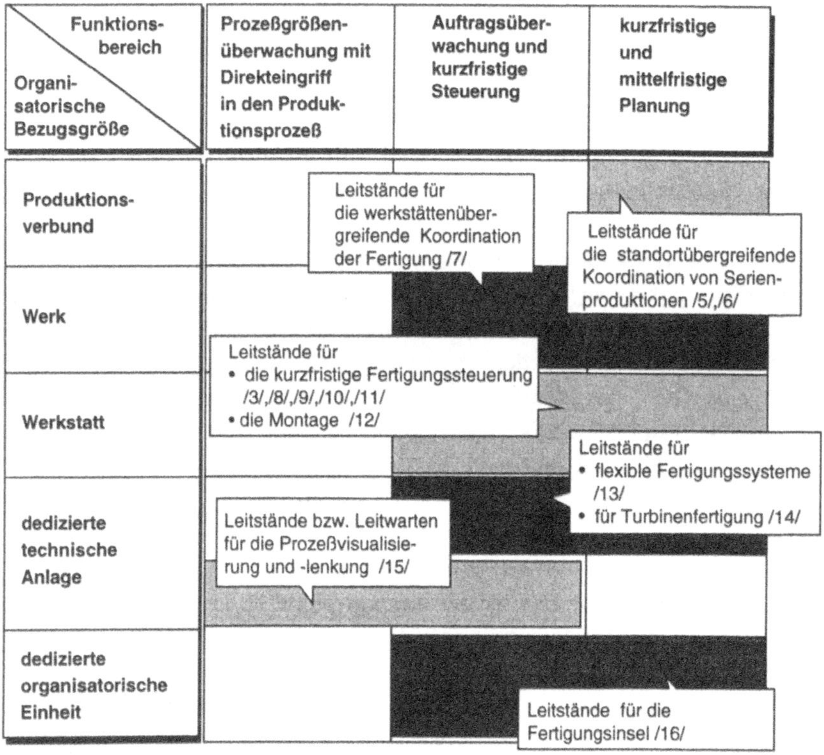

Bild 1: Klassifizierung von Leitständen entsprechend dem Funktionsbereich und der organisatorischen Bezugsgröße

In Bild 2 ist ein Funktionsmodell für derartige Fertigungssteuerungs-Leitstände dargestellt. Der Austausch der Auftragsdaten und der Betriebsdaten mit der Produktionsplanungs- und steuerungsebene erfolgt meist durch ein PPS-System, dessen Grobplanungen an den Leitstand zur Detailierung und Überwachung übergeben werden. Der Leitstand vermag eine Aggregation der Betriebsdaten für das PPS-System durchzuführen. Funktional besteht der Leitstand aus Planungsfunktionen und Überwachungsfunktionen, wie sie im Bild 2 dargestellt sind, sowie aus Verwaltungsfunktionen für Aufträge und Arbeitsvorgänge (AVO) und Ressourcen (Mitarbeiter, Maschinen, Werkzeuge, etc.).

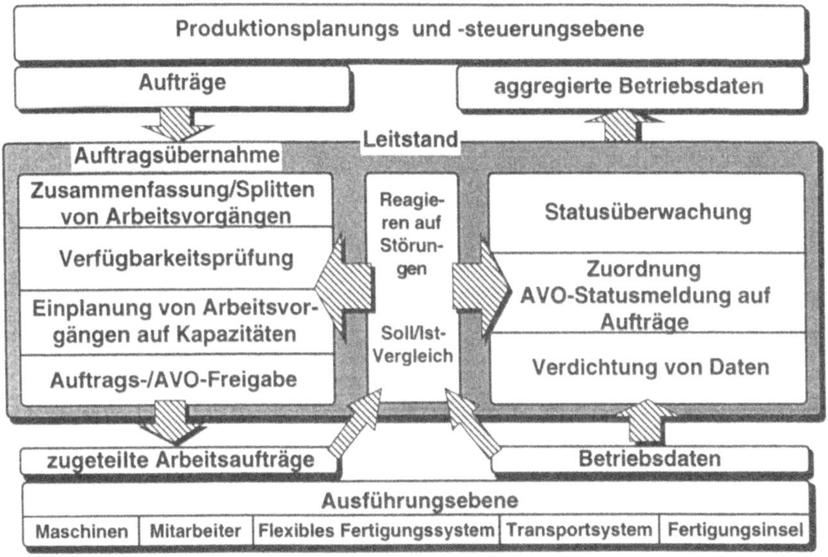

Bild 2: Ein Funktionsmodell für den Fertigungssteuerungs-Leitstand als Bindeglied zwischen der PPS-Ebene und der Ausführungsebene (AVO ... Arbeitsvorgang)

2.2. Zu den Begriffen Benutzer und Benutzungsschnittstelle

Die **Benutzer** sind diejenigen Personen, die den Leitstand bedienen und daraus für ihre übliche Arbeit Nutzen ziehen. Benutzer unterscheiden sich in Bezug auf ihre Fähigkeiten, Fertigkeiten und Bedürfnisse. Der Begriff **Bediener** ist für den Leitstandsbereich zu eng gehalten, da der Begriff Bediener traditionell rein operative Tätigkeiten impliziert und den Nutzeraspekt für den Menschen nicht betrachtet. Der **Anwender** bezeichnet die natürliche oder juristische Person, die den Leitstand im Auftrag des Unternehmens zum Einsatz bringt bzw. dessen Einsatz vorbereitet. Die Begriffe Benutzungsschnittstelle, Benutzerschnittstelle und Benutzungsoberfläche werden in der Praxis häufig synonym verwendet. Im Rahmen der vorliegenden Arbeit wird folgende Abgrenzung zugrunde gelegt: die **Benutzungsschnittstelle** (ersetzt entsprechend dem DIN-Normungsausschuß den Begriff **Benutzerschnittstelle**) betrachtet alle Aspekte der Interaktionen zwischen dem Benutzer und dem Rechner (mit dem Anwendungsprogramm). Die **Benutzungsoberfläche** ist hingegen nur der, dem Benutzer sichtbare Teil der Benutzungsschnittstelle (Zugang zu Funktionen, Dialogen, Ein-/Ausgaben).

2.3. Zum Begriff Werkzeug

Der Werkzeugbegriff bezeichnet die Unterstützung des Benutzers durch eine derart gestaltete Softwarekomponente, daß der Benutzer damit eine Vielzahl von Aufgaben flexibel bearbeiten kann. Im Bereich der Informatik werden sog. Softwarewerkzeuge betrachtet, mit denen der Softwareentwickler effizient seine Software entwickeln kann. In geschichteten Architekturen decken dabei Softwarewerkzeuge ganze Schichten so ab, daß eine Programmierung auf höherem Spezifikations- und Implementationsniveau erfolgen kann.

In der voliegenden Arbeit wird der Werkzeugcharakter der Software für den Benutzer betrachtet, dieser ist der Endbenutzer im Anwendungsunternehmen. Der Benutzer soll durch für ihn konzipierte Werkzeuge effizient und flexibel bei seinen Aufgaben unterstützt werden.

Die sozialwissenschaftlich orientierten Arbeitswissenschaften betrachten neben dem Effizienzaspekt insbesondere die Qualität eines Werkzeugs, wenn beispielsweise EHN /17/ fordert, daß dem Benutzer die permanente Kontrolle über das Werkzeug möglich sein soll und daß dessen Wirkungen unmittelbar abzusehen sein sollen.

2.4. Problemstellung

Die Anzahl der, in der Bundesrepublik Deutschland eingesetzten, graphisch-interaktiven Leitstände für die kurzfristige Fertigungssteuerung hat von 1987 bis 1991 von ca. 10 auf ca. 500 zugenommen, wobei die Anzahl der Anbieter von 2 auf 38 gestiegen ist (vgl. /8/,/11/). Diese Vielzahl von Anbietern erkannten den Bedarf an einem, vom PPS-System getrennten Informationssystem, um die Steuerungsaufgaben für einzelne Fertigungsbereiche besser zu bewältigen.

Die Anzahl der Installationen von Leitständen liegt jedoch noch deutlich hinter den Erwartungen der Anbieter. Dies ist nur schwer verständlich, da auch die Anwender erklären, daß im Bereich der Werkstattsteuerung ein großer Bedarf an einer geeigneten informationstechnischen Unterstützung besteht. Über die Ursachen dieses nur zögerlichen Einsatzes in der betrieblichen Praxis existieren unterschiedliche Meinungen:

- Leitstände sind keine isolierten Lösungen, sondern müssen in die Organisation des Anwenders eingebunden werden. Dadurch erhöht sich der Aufwand und die Komplexität für eine geplante Leitstandsanwendung, da Organisation und Leitstand aufeinander abgestimmt sein müssen.
- Die Akzeptanz der zukünftigen Benutzer und des Anwenders des Systems ist zu gering, als daß ihnen die Vorteilhaftigkeit eines Leitstandeinsatzes deutlich wird.

Liegen Lösungsansätze für das erste Argument im Bereich der Organisationsplanung und der Anpassbarkeit von Leitständen, so hinterfragt das zweite Argument, ob die Gestaltung der angebotenen Systeme den Anforderungen des Benutzers und des Anwenders entspricht. Doch fehlen bisher arbeitswissenschaftliche Untersuchungen, ob die Funktionalität dem Benutzer auch sinnvoll angeboten wird.

Insbesondere für die Gestaltung und Strukturierung der Funktionen gibt es keine greifbaren Empfehlungen und auch keine geeigneten Konzepte, wie die arbeitswissenschaftlichen Gestaltungsziele sinnvoll umzusetzen sind, so daß gleichermaßen benutzer- und aufgabenangemessene Funktionen entstehen. Folgende wesentliche Fragestellungen ergeben sich:

- Welche Funktionen werden aus Benutzersicht am Leitstand benötigt?
- Wie sind diese Funktionen zu klassifizieren?
- Wie sollen Teilfunktionen zu größeren Funktionsbausteinen zusammengefaßt werden, damit für den Benutzer ein angemessenes und effizientes Arbeiten ermöglicht wird?
- In welchen Strukturen sollen diese Funktionen für den Benutzer angeboten sein?
- Wie müssen die Funktionen ausgestaltet sein, damit software-ergonomische Aspekte berücksichtigt sind?
- Welche geeigneten Gestaltungsempfehlungen lassen sich für den Leitstandsbereich aufstellen?
- Welche Entwicklungsmethodik ist geeignet, gleichermaßen Benutzeraspekte wie auch funktionale Aspekte zu berücksichtigen?

2.5. Zielsetzung und Aufbau der Arbeit

Die Zielsetzung der vorliegenden Arbeit ist die Darstellung einer benutzer- und aufgabenorientierten Gestaltung von Fertigungssteuerungs-Leitständen durch Verwendung von Benutzerwerkzeugen an der Benutzungsoberfläche und deren exemplarische Implementierung.

In Bild 3 ist das Gedankenflußdiagramm der Arbeit aufgeführt. Die Untersuchung der vorhandenen Gestaltungsempfehlungen ergab, daß auf der funktionalen Gestaltungsebene erhebliche Defizite bei der Formulierung von umsetzbaren Gestaltungsempfehlungen existieren.

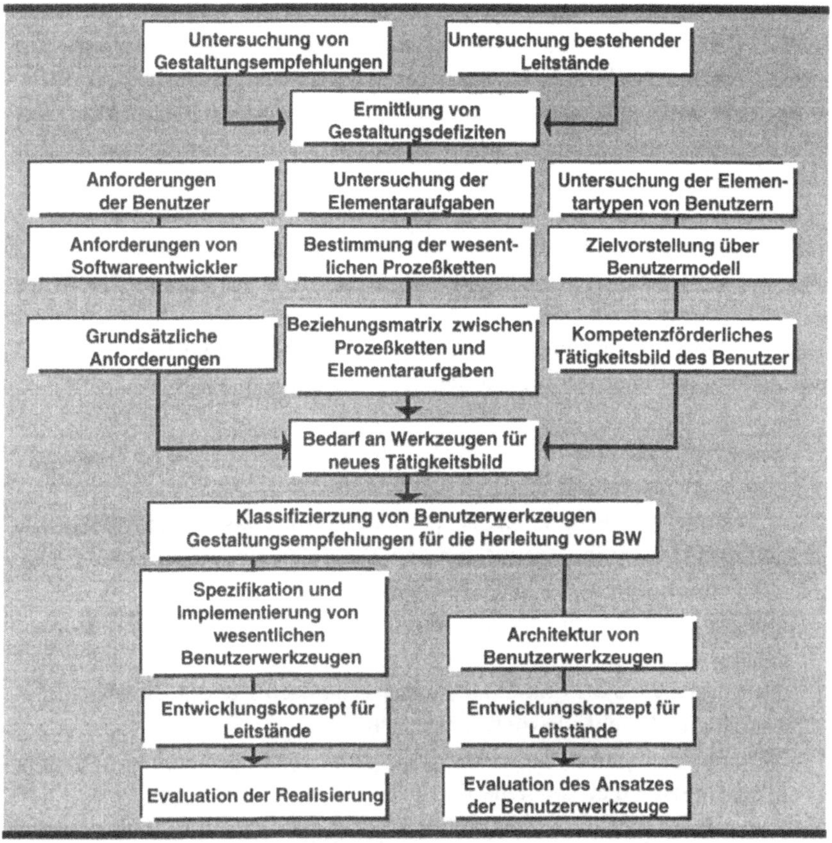

Bild 3: Aufbau der vorliegenden Arbeit als Gedankenflußdiagramm

Auch die Untersuchung von bestehenden Leitständen bestätigt das Vorhandensein von Gestaltungsschwächen auf der funktionalen Ebene (Kap. 3). Daher wird im Rahmen der Arbeit schwerpunktmäßig auf die funktionale Ebene (Werkzeugebene) eingegangen.

Die Anforderungen an die Gestaltung der funktionalen Ebene von Leitständen basieren auf extensiv durchgeführten Untersuchungen der Elementaraufgaben und auf der Zielvorstellung über ein neues Tätigkeitsbild des Benutzers. Die Elementaraufgaben am Leitstand werden dabei in Relation zu den Prozeßketten gesetzt, woraus die Notwendigkeit einer hohen Flexibilität und Adaptierbarkeit abgeleitet wird. Zusammen mit den grundsätzlichen Anforderungen der Benutzer und der Software-Entwickler ergibt sich ein Bedarf an geeigneten Werkzeugen für den Benutzer, damit er die zu bewältigenden Aufgaben flexibel und effizient bearbeiten kann (Kap.4). Diese Werkzeuge werden Benutzerwerkzeuge genannt.

Zur Herleitung von Benutzerwerkzeugen werden Gestaltungsempfehlungen besonders für die defizitären Gestaltungsaspekte erarbeitet (Kap. 5). Eine Klassifizierung der Benutzerwerkzeuge wird ebenso erstellt.

Die wesentlichen Benutzerwerkzeuge werden ermittelt und in einer speziellen, neuen Beschreibungsform spezifiziert (Kap. 6). Die Gestaltung der Benutzungsoberfläche und der Einsatz derartiger Werkzeuge im FIKS-Leitstand (Kap. 7) unter industriellen Einsatzbedingungen belegt die Sinnhaftigkeit der Benutzerwerkzeuge.

Zugleich wird eine geeignete Architektur der Benutzerwerkzeuge im Zusammenspiel mit dem User Interface Management System (UIMS) aufgezeigt. Durch dieses Entwicklungskonzept ist es möglich, Leitstände völlig neuartig, getrennt nach verschiedenen Komponenten, zu entwickeln und zu testen (Kap. 7). Die Evaluation des Ansatzes der Benutzerwerkzeuge unter software-ergonomischen Gesichtspunkten schließt den Hauptteil der Arbeit ab (Kap. 8).

3. STAND DES WISSENS BEI DER GESTALTUNG DER BENUTZUNGSSCHNITTSTELLE VON LEITSTÄNDEN

Aufgrund der zunehmenden softwaretechnischen Trennung /18/ von Benutzungsoberfläche und Anwendung durch den Einsatz von Werkzeugen (User Interface Toolkits, User Interface Management Systeme und ähnlichen Systemen) kann die Gestaltungsaufgabe in die Gestaltung des Anwendungsprogrammes und in die Gestaltung der Benutzungsoberfläche untergliedert werden.

Im Rahmen dieser Arbeit wird die Gestaltung der Benutzungsoberfläche betrachtet, da hierin, wie nachfolgend dargestellt, noch erhebliche Defizite bestehen.

3.1. Referenzmodel für Gestaltungsempfehlungen

Für die Gestaltung der Benutzungsschnittstelle existiert eine Vielzahl von Gestaltungsanforderungen in Form von Gestaltungsempfehlungen. Die Gestaltungsempfehlungen aus der nationalen und internationalen Literatur unterscheiden sich in ihrem Abstraktionsgrad und ihrer Generalisierbarkeit. In Bild 4 ist ausgewählte Literatur über Gestaltungsziele und -empfehlungen dargestellt. Die Betrachtung orientiert sich an dem 4-Ebenenmodell der Mensch-Rechner-Interaktion nach BULLINGER/19/. Modelle der Interaktionssprache von FOLEY und VAN DAM /20/ und Modelle des Benutzerwissens bzw. Benutzerverhaltens nach SHNEIDERMAN/21/ und NORMAN /22/ sowie Modelle des Rechners mit der umgebenden Arbeitsorganisation nach DZIDA /23/ sind darin vereint.

Die **Aufgabenebene** beschreibt dabei, welche Arbeitsaufgaben mit Hilfe des Systems durchgeführt werden sollen, wie die Aufgaben zwischen Benutzer und System verteilt sind, sowie welche Struktur und welchen Inhalt diese Aufgaben haben. Die **funktionale Ebene** beschreibt, wie Arbeitsaufgaben, entsprechend der Handlungsweise des Benutzers und der Möglichkeiten des Systems, in Teilschritte zerlegt werden können. Diese Ebene wird durch Regeln definiert, die den Zugriff des Benutzers auf Software-Werkzeuge und Daten bestimmt. Sie beschreibt Arbeitsobjekte (z.B. Aufträge) und Funktionen zur Bearbeitung dieser Objekte.

	Gestaltungsziele	Gestaltungsempfehlungen	Beurteilung der Umsetzbarkeit
Aufgabenebene	■ **Arbeitsstrukturen**, (Schädigungsfreiheit, Beeinträchtigungslosigkeit, Persönlichkeitsförderlichkeit, Zumutbarkeit) /24/ ■ **Aufgabenmerkmale** (Ganzheitlichkeit, Anforderungsvielfalt, soziale Interaktionsmöglichkeiten, Autonomie, Lern-/Entwicklungsmöglichkeiten) /25/ ■ **Fehlerbehandlung** /26/	■ **Vollständige, ganzheitliche Aufgaben** mit • vorbereitenden • planenden • kontrollierenden Elementen Aufgaben mit • Kooperationsmöglichkeiten, • Dispositionsmöglichkeiten, • Entscheidungsmöglichkeiten, • problemhafte Aufgaben /27/ ■ **PPS-Aufgabenabgrenzung** (Rahmenplanung) /28/	■ Ziele und Empfehlungen für die Gestaltung sind zu **allgemein** und **ungegenständlich.** Nur für den Kontrollaspekt gibt **MANSKE** /28/ konkrete Empfehlungen; seine **Systematisierung** der Aufgaben ist praxisorientiert.
Funktionale Ebene	■ **Software-Werkzeug** /24/ ■ **Eingriffmöglichkeiten** und Prozeßtransparenz /29/	■ **Hilfesysteme** /30/ ■ **Simulation** /31/ ■ **Animation** /32/	■ Empfehlungen für Hilfesysteme und Simulation sind nur für den jeweiligen **Teilbereich** der Funktionalität anwendbar. Empfehlungen bzgl. Werkzeuggedanke sind so global beschrieben, daß sie nur als **qualitative** Evaluationskriterien dienen können.
Operative Ebene und Ein-/Ausgabeebene	■ **Aufgabenangemessenheit**, Selbstbeschreibungsfähigkeit, Steuerbarkeit, Erwartungskonformität, Fehlerrobustheit nach DIN 66234 T8 /33/ ■ **ISO-Normung** /34/ ■ Durchgängige **CIM-Bedienung** /35/,/36/ ■ **Kompetenzförderlichkeit**, Handlungsflexibilität, Aufgabenangemessenheit nach VDI-Richtlinie 5005 (hierbei wird der Anspruch erhoben, alle Gestaltungsebenen abzudecken) /37/	■ **Direkte Manipulation** /38/,/21/ ■ **Menüdialoge** /39/ ■ Natürlichsprachige **Dialoge** /40/ ■ **Styleguides:** MITRE /41/ APPLE /42/ CUA /43/ sowie /44/,/45/ ■ **Retrieval Systems** /46/ ■ Adaptible und adaptive **Systemansätze** /47/ ■ Beispielhafte **Gestaltungsevaluation** bei PPS-Systemen /48/ ■ **Gestaltungsmethodik** für Steuerungssoftware aller Ebenen /49/	■ Es existieren sehr detaillierte Empfehlungen, die den Aspekt der **homogenen** Bedienung über unterschiedliche Anwendungen unterstützen (wie bei den herstellerspezifischen Empfehlungen CUA und APPLE) oder als **Sammlungen** von mehr oder minder fundierten Erhebungen eng begrenzte Empfehlungen ausgeben. Alle aufgeführten Gestaltungsziele sind zwar als **Evaluationskriterien** geeignet, jedoch sind deren Anwendung als Gestaltungskriterien ungeeignet, da sie zu **allgemein** gehalten sind (vgl. /50/). Die Gestaltungsmethodik von /49/ gibt nur **wenig** Empfehlungen für die **funktionale Ebene.**

Bild 4: Zusammenstellung der Literatur über Empfehlungen für die Softwaregestaltung

Die **operative Ebene** beschreibt die Operationen, die der Benutzer ausführen muß, um die gewünschten Funktionen auf die ausgewählten Objekte anzuwenden. Sie legt die Benutzeroperationen in ihrem syntaktischen Aufbau und ihrem Ablauf fest. Die **Ein-/Ausgabe-Ebene** beschreibt die physikalische Eingabe für die gewünschten Operationen, sowie die wahrnehmbare Darstellung der Informationsausgabe.

3.2. Bewertung der Gestaltungsempfehlungen

Die Anwendbarkeit der Empfehlungen aus der Literatur für die Gestaltung eines Leitstandes ist aufgrund folgender Aspekte begrenzt (vgl. /50/):

- Die Gestaltungsempfehlungen sind teilweise antagonistisch, so daß der Entwickler bei der Abwägung und Gewichtung zwischen den verschiedenen Empfehlungen leicht überfordert ist.
- Viele Ziele und Empfehlungen stellen nur eine Umformulierung von so allgemeinen Gestaltungsregeln dar, daß keine Unterstützung der eigentlichen Gestaltung vorliegt (z.B. Schädigungslosigkeit).
- Die Erfüllung von Gestaltungsempfehlungen ist meist nicht objektiv überprüfbar.
- Die Art und Weise der Umsetzung von Gestaltungsempfehlungen ist meist nicht beschreibbar.
- Es sind keine wissenschaftlich gesicherten, ökonomischen Abwägungen zwischen dem Aufwand (der Umsetzung von Gestaltungsempfehlungen) und dem Nutzen (für den Benutzer) vorhanden.
- Die Gestaltungsempfehlungen sind nicht auf die Besonderheiten des Anwendungsbereichs der Fertigungssteuerung zugeschnitten und somit stellen sie nur eine geringe Unterstützung für die Gestaltung von Leitständen dar.

Auf Grund dieser Problemlage ist es notwendig, spezielle Gestaltungsempfehlungen für Leitstände zu entwickeln. Die Gestaltungsempfehlungen sollten in die Konzeption und Architektur der Benutzerschnittstelle einfließen, so wie dies auch schon für andere Anwendungsbereiche gefordert wurde /51/.

3.3. Vergleichende Untersuchungen über die Gestaltung von Leitständen

3.3.1. Übersicht über vergleichende Untersuchungen

In den letzten Jahren wurden einige vergleichende Untersuchungen und Studien erarbeitet. Zum einen handelt es sich dabei um Übersichten vorhandener Leitstände (Marktrecherchen) und zum anderen um bewertende Untersuchungen. Entsprechend der Zielrichtung des Betrachters sind diese Untersuchungen unterschiedlich geeignet, auf die jeweiligen Fragestellungen Auskunft zu geben. In Bild 5 sind die wesentlichen Untersuchungen aufgeführt.

Literaturstelle	/52/	/53/	/54/	/11/	/55/	/56/	/57/
Stand der Untersuchung (Monat/Jahr)	11/88	4/88	5/89	3/90	6/90	/90	/91
Anzahl der untersuchten Leitstände	29	8	4	16	15	10	7
Merkmale der Untersuchung							
Checkliste für Anbieter	ja			ja			
Befragung der Anbieter		ja					
Untersuchung durch die Autoren			ja		ja	ja	ja
Untersuchte Merkmale							
Allgemeine Merkmale	10	3	0	0	0	0	7
Systemtechnische Merkmale	3	0	17	40	10	0	12
Funktionale Merkmale	38	5	103	111	6	132	29
Datentechnische Merkmale	8	0	78	55	16	59	7
Merkmale der Planungsverfahren	45	0	46	35	0	90	18
Merkmale Benutzungsoberfläche	15	1	189	76	0	101	24
... davon Datenaspekte	15	1	51	51	0	101	8
... davon Gestaltungsaspekte	0	0	131	17	0	0	13

Anmerkung: Die Marktübersicht /52/ wird jährlich aktualisiert, wobei die Kriterien beibehalten werden.

Bild 5: Untersuchungen und Marktrecherchen über Leitstände (Gegenüberstellung bzgl. Art und Anzahl der untersuchten Merkmale)

Lediglich bei der vom Autor 1989 durchgeführten Untersuchung /54/ wurden Gestaltungsaspekte der Benutzungsoberfläche ausführlich betrachtet, wobei bereits erste Anhaltspunkte über die Bedienbarkeit und die Akzeptanz gegeben werden konnten.

3.3.2. Gestaltung und Klassifizierung der Benutzungsschnittstelle

Der ursprüngliche, manuelle Leitstand besteht aus Karteien für die Kapazitätsdisposition, aus einer manuell geführten Plantafel mit zum Teil raumfüllenden Wandtafeln (die Aufträge/AVOs werden den einzelnen Kapazitätseinheiten mittels Steckkarten zugeordnet, deren Länge die Bearbeitungsdauer symbolisiert), aus Hängetaschenordnern sowie aus dezentralen Werkverteilern mit optisch-akustischen Kommunikationseinrichtungen. Als Besonderheiten sind dabei zu sehen:

- parallele, multimediale Kommunikation zu den Werkverteilern (handhabbare Auftragssteckkarten, visuelle Ordnung der Aufträge, akustische Signalverbindung vom Leitstand zum Werkverteiler, integrierte Kommunikation per Telephon);
- statusorientierte Darstellung des Planungszustandes und des Bearbeitungsfortschrittes in Kategorien (z.B. Vorbereitung, Transport, Bereitstellung, Planung, Fertigstellung).

Die Gestaltung der Benutzungsschnittstelle von elektronischen Leitständen ist trotz der großen Anzahl von erhältlichen Leitstandstypen ähnlich. Zentrales Element der Benutzungsoberfläche ist die Plantafel (Bild 6).

Sie stellt in Form eines Gantt-Diagrammes die zeitliche Einplanung (horizontale Achse) von Ressourcen/Maschinen (vertikale Achse) mit Arbeitsgängen dar. Mit Hilfe direkt manipulativer Interaktionstechnik /38/ mit dem Zeigeinstrument Maus, können Arbeitsgänge manuell durch Verschieben ein- und umgeplant werden. Übersteigt die Anzahl der ausgewählten Planungsobjekte die Größe des Bildschirmes, so kann der Betrachtungsbereich mittels Verschiebepfeilen oder Funktionsfeldern gerollt werden.

In Bild 7 werden die Benutzungsschnittstellen von Leitständen zusammenfassend dargestellt, wobei eine Kategorisierung in zwei Generationen vorgenommen wurde /8/. Aus der Tabelle ist ersichtlich, daß die Tendenz in Richtung einer umfangreicheren Funktionalität und auf umfassend graphisch-interaktive Bedienung erfolgt. Dies bedeutet jedoch, daß die zahlreichen Freiheitsgrade bei der Ausgestaltung von graphisch-interaktiven Benutzungsoberflächen für diesen Anwendungsbereich beherrscht werden müssen. Insbesondere muß die Strukturierung der Benutzungsoberfläche in Bezug auf die Funktionen hinterfragt werden, da die Strukturierung einen wesentlichen Einfluß auf eine benutzer- und aufgabengerechte Gestaltung besitzt.

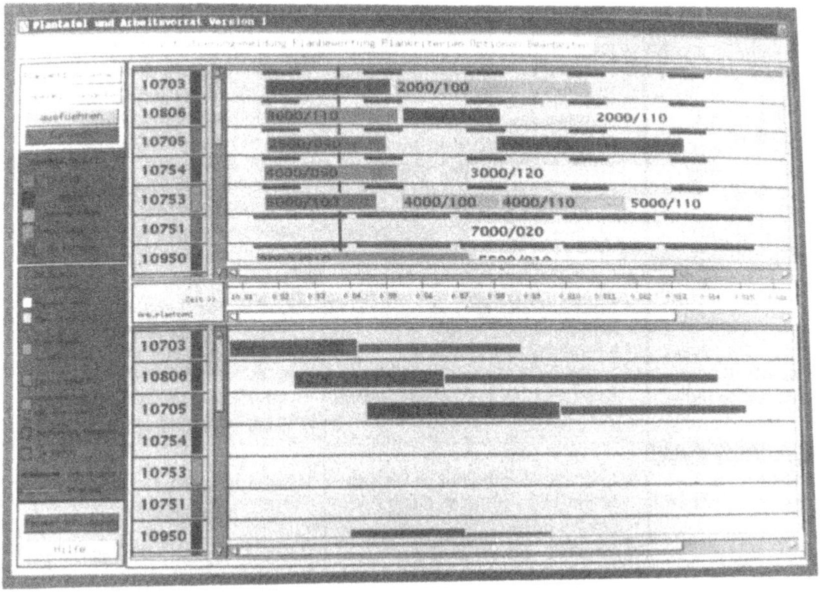

Bild 6: Benutzungsoberfläche des FIKS-Leitstands

In Bild 8 sind typische Strukturierungsformen für Benutzungsoberflächen dargestellt. Die Strukturierung spiegelt sich dabei auch in der Dialogstrukturierung wieder. Bei bisherigen Leitstandsgestaltungen wurde der Strukturierung in Hinblick auf Benutzer- und Aufgabenorientierung wenig Beachtung zugemessen. Dabei weisen nur der anwendungslogikorientierte und der benutzungsoberflächenorientierte Ansatz einen Bezug zu benutzer- und aufgabenangemessenen Aspekten auf. Beim anwendungslogikorientierten Ansatz können unterlagerte, mentale Handlungsmodelle des Benutzers abgebildet sein (z.B. Aufteilung der PPS-Funktionalität in Vertrieb, Materialwirtschaft, Zeitwirtschaft, etc.). Es sind dabei jedoch solche Strukturierungen zu ermitteln, die nicht überholte Strukturen und Denkweisen festschreiben. Beim benutzungsoberflächenorientierten Ansatz können Benutzerinteressen durch die Möglichkeiten des leichteren (partizipativen) Prototyping und der leichteren Anpassbarkeit berücksichtigt werden.

Zuordung des LS (Markteintritt)	seit 1985 **1. Generation**	seit 1988 **2. Generation**
Aufgabenebene		
Aufgabenumfang **Philosophie des Leitstands**	■ **Durchsetzungsinstrumentarium** für zentrale Vorgaben ■ **Verfeinerung von PPS-Vorgaben** durch Visualisierung der **konventionellen Plantafel** auf dem Rechner	■ **Dezentralisierung der Aufgaben** ■ **'Echtes ' Entscheidungsunterstützungssystem** /8/ zur • Verfeinerung PPS-Vorgaben mit BDE-Meldungen • Simulationsmöglichkeiten mit Integration mehrerer Leitstände und anderen Werkstattsystemen
Funktionsebene		
Funktionsumfang **Funktionsstrukturierung**	■ Funktionen für • **manuelles Planen** • **heuristisches Planen** • **interaktive Manipulation** ■ **Funktionale** Strukturierung entsprechend den **Funktionsgruppen** (mit Trennung Grafik/ Masken)	■ Funktionen für • **manuelles Planen** • **heuristisches Planen** • **interaktive Manipulation** • **automatische Optimierung** • **Mehrressourceneinplanung** ■ **keine** erkennbare Strukturierung
Dialogebene		
Dialogcharakteristik **Menüart** **Verwendete Dialogarten**	■ Weitgehend **sequentielle** Dialoge (teilweise parallelisiert durch zweiten Bildschirm) ■ **Auswahl - Menü - Dialoge** ■ **Funktionstasten** ■ **direkt-manipulative Dialoge** nur für Plantafel und Arbeitsvorrat	■ **Parallele Dialoge** durch Fenstertechnik ■ **Pull-Down Menü-Dialoge** ■ **Direkt-manipulative Dialoge** für • Plantafel • Arbeitsvorrat • Dialogsteuerung (zunehmend auch bei Verwaltungsfunktionen)
Ein-/Ausgabeebene		
Interaktive Visualisierungen **Grafiken** **Tabellen** **Eingabegeräte** **Ausgabegeräte** **Fenstertechnik** **Informationskodierung**	■ **Plantafel** mit Arbeitsvorrat für interaktives Ein- und Umplanen ■ **Begrenzte** Anzahl von Auslastungsgrafiken als Säulen- und Balkendiagramme ■ **Tastatur** ■ **Maus** (anfänglich auch Lichtgriffel) ■ **Farbbildschirm** (z.T. zusätzlicher Monochrombildschirm für Verwaltungtätigkeiten) ■ **Feste**, nicht verschiebbare Fenster ■ **Differenzierungen** durch Farbe und Rasterung	■ **Plantafel** mit Arbeitsvorrat für interaktives Ein- und Umplanen ■ **Große** Anzahl von Auslastungsgrafiken in vielen verschiedenen Diagrammfomen ■ **Tastatur** ■ **Maus** ■ **Farbbildschirm** (z.T. zusätzlicher Farbbildschirm für Auftragsverwaltung) ■ **Frei** verschiebbare Fenster ■ **Differenzierungen** durch Farbe und Rasterung

Bild 7: Charakterisierung der Benutzungsschnittstelle von Leitständen entsprechend dem 4-Ebenen Referenzmodel

Ansatz	Die Strukturierung der Benutzungsoberfläche...	Beispiele aus dem Leitstandsbereich
Anwendungs-logikorientiert	... wird von der **Sachlogik** geprägt. Einige Anwendungsgebiete beinhalten bereits eine **vorgegebene Strukturierung in Funktionsbausteine.**	■ **Regelungstechnische Funktionsbausteine** (PID- Regler, Multiplikator etc.) /58/ ■ **Ablaufsteuerungstechnische Strukturierung** /59/
Funktions-orientiert	... spiegelt genau die Strukturierung des Anwendungsprogrammes wieder, wodurch **Softwareentwicklungsaspekte und Datenbankaspekte** starken Einfluß besitzen.	■ Modularisierungsansatz, so daß innerhalb eines Programmiermoduls ein **definierter Ein-/Ausgabebereich** vorhanden ist, über den die Interaktion läuft.
Programmier-technisch orientiert	... ist durch **Ein-/Ausgabeoperationen** direkt in der Anwendungsprogrammkodierung bestimmt. Dabei werden meist **sequentielle Dialoge** geführt, die die Benutzereingabe für den weiteren Programmablauf abfragen und die **Ergebnisdarstellungen** präsentieren.	■ **Bei der klassischen Programmierung** von Simulationsprogrammen mit wenig Interaktion sind sequentiell die Ein-/Ausgabeanweisungen integriert. /60/
Benutzungs-oberflächen-orientiert	... erfolgt **unabhängig vom Anwendungsprogramm**. Eine Strukturierung kann vom Entwickler nach seinen Vorstellungen erfolgen.	■ **UIMS-Verwendung** /61/
Software-engineering-orientiert	... ist durch **spezielle Bausteine** des Anwendungsprogrammes gekennzeichnet, die schwerpunktmäßig für die Ausgabe und nur teilweise für die Eingabe verwendet werden.	■ **Minibausteinkonzept** im Leitstandsbereich /62/ ■ **Softwarebaukasten** /8/

Bild 8: Gegenüberstellung unterschiedlicher Strukturierungsansätze für Softwaresysteme

3.4. Untersuchungsergebnisse über Gestaltungsdefizite

Im Rahmen der vorliegenden Arbeit wurde eine Untersuchung über die Erfüllung von arbeitswissenschaftlichen Gestaltungsanforderungen an Leitständen durchgeführt /63/. Als Basis dient die VDI-Richtlinie 5005, die allgemein als arbeitswissenschaftlich richtungsweisend anerkannt ist /64/65/ sowie die erstellte Leitstand-Checkliste /66/ (siehe Anhang A). Dem Softwareentwickler ist es bei allen genannten Ansätzen selbst überlassen, benutzer- und aufgabenangemessene Gestaltungsaspekte in die Strukturierung der Benutzungsoberfläche einzubringen.

Der VDI-Modellrahmen beinhaltet zum einen das in Abschnitt 3.1. erwähnte 4-Ebenenmodell und zum anderen die drei Gestaltungs- und Bewertungskriterien **Kompetenzförderlichkeit**, **Handlungsflexibilität** und **Aufgabenangemessenheit**. Der Modellrahmen der VDI Richtlinie 5005 über software-ergonomische Gestaltung /37/ wurde dabei auf den Anwendungsbereich der Leitstände übertragen (Bild 9). Gegenstand der durchgeführten Untersuchung ist die Betrachtung der Aufgaben- und Funktionsebene jeweils unter den drei genannten VDI-Kriterien.

Bild 9: Software-ergonomischer Modellrahmen für Leitstände

Die Bewertung der 8 Untersuchungspunkte stützt sich dabei auf eine Vielzahl einzelner Erhebungspunkte. In Bild 10 ist die Gesamtbewertung zum Stand der Umsetzung arbeitswissenschaftlicher Gestaltungsanforderungen (arithmetischer Mittelwert in der rechten Spalte) aufgeführt. Die Auswahl der 8 untersuchten Leitstände erfolgte unter Repräsentanzkriterien bzgl. Verbreitung, Marktbedeutung, Innovationsgrad.

Bei der durchgeführten Untersuchung wurden folgende, wesentliche Gestaltungsdefizite festgestellt, diese werden in den nachfolgenden Abschnitten erläutert:

- Die sequentielle Vollständigkeit der Tätigkeiten wird auf der funktionalen Gestaltungsebene nur wenig systemtechnisch unterstützt, woraus eine geringe Kompetenzförderlichkeit resultiert. Ebenso wird die Pflege und die Anwendung von Erfahrungswissen nur wenig unterstützt.
- Die Anpassbarkeit des Leitstands durch den Benutzer auf seinen Bedarf hin wird von den bisherigen Leitständen nur gering unterstützt.
- Die Angemessenheit der Unterstützung von Funktionen ist nicht gegeben, da zum einen ungeeignete Unterstützungsarten für einzelne Funktionen angeboten werden und zum anderen für den Benutzer keinerlei Wahlmöglichkeiten zwischen Unterstützungsarten existieren.

	1	2	3	4	5	6	7	8	Mittelwert [1]
Kompetenzförderlichkeit									
■ Vollständige Tätigkeiten (sequentiell)	◑	◔	◑	◑	◕	◔	k.A.	◑	◑ (0,46)
■ Erfahrungswissen über Planung und Produktion	** ◑	○	◔	◑	◑	○	* ◔	◔	◔ (0,28)
■ Orientierung am 'Mentalen Modell'	◔	◑	◔	◔	◑	◑	k.A.	◔	◔ (0,36)
■ Kooperation und Kommunikation	◑	◔	◑	◕	◔	◔	k.A.	◑	◑ (0,42)
■ Partizipative Systementwicklung	** ◑	◔	◔	◑	◕	◔	k.A.	◔	◑ (0,46)
Handlungsflexibilität									
■ Benutzerorientierte Anpaß-barkeit	○	◔	◔	◕	◔	◔	k.A.	◕	◔ (0,36)
■ Aufgaben- und organisationsorientierte Anpassung	◔	◑	◑	◑	◑	◕	* ◑	k.A.	◑ (0,50)
Aufgabenangemessenheit									
■ Flexible Planungsunterstützung	** ◕	◔	◑	◑	◑	◔	* ○	◔	◑ (0,38)
■ Entlastung von Routinetätigkeiten	◑	◔	◔	◑	◑	◔	k.A.	◑	◑ (0,39)

Erfüllungsgrad der aufgeführten Kriterien:	Legende:
● sehr gut	1 **Arithmetische Mittelwertbildung** aus den skalierten Bewertungen
◕ gut	* Wegen geringen Untersuchungsmöglichkeiten nur **grobe Schätzung**
◑ ausreichend	** Bewertung nur für eine **herausragende Teilkomponente**
◔ noch tragbar	**k.A.** Aufgrund unzureichender Angaben **keine Bewertung** möglich
○ unbefriedigend	

Bild 10: Gegenüberstellung von 8 Leitständen unter arbeitswissenschaftlichen Kriterien zur Darstellung von Gestaltungsdefizite

3.4.1. Möglichkeiten von sequentiell vollständigen Tätigkeiten

Das Gestaltungsziel von vollständigen Tätigkeiten basiert auf der Modellvorstellung der psychologischen Regulation des menschlichen Handelns /27/. Dabei werden solche Aufgaben als wünschenswert erachtet, die Vorbereitungstätigkeiten (selbständiges Aufstellen von Teilzielen), Ausführungsfunktionen, Kontrolltätigkeiten (Soll/Ist-Vergleich) und Organisationstätigkeiten beinhalten. Hierdurch entstehen Kommunikations- und Kooperations- sowie Motivationsmöglichkeiten. In Bild 11 sind die am Leitstand auszuführenden Tätigkeitsarten zunächst einzeln aufgearbeitet, so daß zum einen fertigungstypische Merkmale in Bezug auf die Tätigkeiten und zum anderen die, bei den untersuchten Leitständen festgestellten, Gestaltungsdefizite aufgearbeitet wurden. Bei der Untersuchung wurde z.T. nur eine geringe Vollständigkeit festgestellt. Diese beruht auf dem tayloristischen Paradigma vieler Leitstände, daß eine strenge Arbeitsteilung zwischen Arbeitsvorbereitung und Werkstatt bestehen muß /28/,/67/ und daher einige Tätigkeiten nicht am Leitstand durchgeführt werden.

Die tayloristische Festlegung über den Handlungsspielraum des Arbeitssystems Leitstand überläßt der dezentralen Fertigungssteuerung eine nur geringe Planungsautonomie, wobei die vorbereitenden Tätigkeiten deutlich vernachlässigt werden. Grundsätzlich stellt der Einplanungsvorgang (als ausführende Tätigkeit des Disponenten) den Schwerpunkt bei bestehenden Leitständen dar.

In Bezug auf Vollständigkeit sind auch die ergänzenden Organisationstätigkeiten bedeutungsvoll. Die Organisationstätigkeiten beschränken sich bisher auf Anweisungen bzgl. Arbeitsplatzzuordnung, Auftragsreihenfolge, etc. Hierfür wird die technische Kommunikation zu Ausgabegeräten (z.B. Druckereinheiten, BDE-Terminals für Auftragsanweisungen) ermöglicht. Direkte Möglichkeiten für den Austausch von "weichen" Informationen zwischen den Mitarbeitern und von Informationen, die keinen Anweisungscharakter besitzen, bestehen nicht (vgl. /68/,/69). So wird der Austausch von Erfahrungswerten über Planungswerte oder Planungsstrategien nicht unterstützt. Im Sinne eines für organisatorische Fragestellungen offenen Leitstandkonzeptes ist jedoch eine vollständige Ausführbarkeit aller dieser Tätigkeiten am Leitstand notwendig.

	Sachverhalt	Stand bei heutigen Leitständen	Festgestellte Defizite	Ansatzpunkte
Vorbereitungstätigkeiten	■ **Planungsgrunddaten** • werden nur selten aktualisiert, • repräsentieren nur den statistischen Durchschnitt, • keine Berücksichtigung besonderer Situationen. ■ **Vom PPS-System** vorgegebene Plantermine sind oft unrealistisch. ■ **Zeitvorgaben** sollten deshalb in der Werkstatt erstellt bzw. aktualisiert werden.	■ **Planungsgrunddatenverwaltung** ist vorhanden, jedoch • unkomfortabel, • sehr wenig systemtechnisch unterstützt. ■ **Verfügbarkeitsprüfungen** • werden meist als erfolgt vorausgesetzt, • werden außerhalb des Leitstands gemacht. ■ **Unterschiedliche Medien** (z.B. EDV, Telefon, Formularblätter) müssen verwendet werden.	■ **Planungsgrunddaten** können nicht grafisch-interaktiv situationsbezogen verändert werden, obwohl Daten und Strukturen im Verhältnis zueinander betrachtet werden müßten. ■ **Verfügbarkeitsprüfungen** können am Leitstand meist nicht durchgeführt werden. ■ Der Wechsel zu **anderen Anwendungen** ist teilweise durch fehleranfällige Bedienungs- und Bedeutungsänderungen gekennzeichnet.	■ **Modifikatonswerkzeuge**, um **Planungsgrunddaten** situativ anpassen zu können. ■ **Werkzeuge**, um **Verfügbarkeitsprüfungen** (auch Mehrressourcenplanung) durchführen zu können.
Ausführungstätigkeiten	■ **Der Einsatzbereich** für einen Leitstand umfaßt meist soviel zu beplanende **Ressourcen**, daß ein **Automatismus** für die Ein- und Umplanung der ´normalen´ Aufträge unbedingt notwendig wird.	■ **Planend- rechenhafte Tätigkeiten** (halb- und vollautomatisch) werden unterstützt durch **einen oder mehrere,** auch konfigurierbare **Planungsalgorithmen** (z.B. Prioritätsregeln).	■ **Geringe Unterstützung von dispositiv- planenden Tätigkeiten** keine problemorientierte Entscheidungsvorbereitung bzw. Datenaufbereitung. ■ Geringe **Flexibilität** bei den planend-rechenhaften Tätigkeiten	■ **Unterstützung** der dispositiv- planender Tätigkeiten durch **Zusammenstellung und Aufbereitung** der für die Entscheidung nötigen **Informationen.**
Kontrolltätigkeiten	■ **Die Ergebnisse** der Arbeit des Disponenten haben einen großen Einfluß auf • Leistung der Werkstatt und • die Arbeitssituation (Belastung) aller Mitarbeiter. ■ **Kontrolltätigkeiten** sind daher notwendig und wichtig.	■ **Kontrolle** der Einplanungsmöglichkeit mit/ohne Überlappungen. Über **BDE** erfolgt die • Rückmeldung und • Darstellung des Arbeitsfortschritts. ■ **Begrenzte Statistische Auswertungsmöglichkeiten** sind für Aufträge vorhanden.	■ **Nur begrenzt:** • Rückmeldungen bzw. Auswertungen über die Qualität der Arbeit des Disponenten (Ausnahme: Darstellung der Machbarkeit). ■ **Planungsalternativen** können nicht miteinander verglichen werden.	■ **Auswertungen** über die Planungsqualität der eigenen Arbeit (als Eigenkontrolle). ■ **Auftragsverfolgungswerkzeug** als Kontrolle der ganzheitlichen Auftragsbearbeitung. ■ Vergleichbarkeit von **Alternativplanungen.**

Bild 11: Gestaltungsdefizite von heutigen Leitständen bzgl. dem Gestaltungsaspekt von sequentiell vollständigen Tätigkeiten

3.4.2. Berücksichtigung von Erfahrungswissen

Durch die Einführung computergestützter Technologien in die Werkstatt werden die Möglichkeiten der Mitarbeiter, Erfahrungswissen zu sammeln und anzuwenden, auch im Bereich der Werkstattsteuerung, beeinflußt /70/. Dabei meint "...Erfahrungswissen... die ,im ständigen Spannungsfeld von theoretischem und praktischem Erkenntnisgewinn schrittweise erworbene, erfahrungsgeleitete Handlungsfähigkeit eines «meisterlich» Arbeitenden, wobei Erfahrungsverallgemeinerung aus der Praxis gleichrangig und komplementär zur praktischen Aneignung und Verifikation/ Falsifikation abstrakt-theoretischer Erkenntnisschritte und «Wissens»-Bestandteile, gesehen wird. Beide bedingen sich gegenseitig, gehen jedoch nicht ineinander auf..." /71/. Erfahrungswissen beeinflußt damit zeit- und kostenwirksam die, in der Werkstatt zu treffenden, Entscheidungen /72/. Dabei ist zwischen dem Erfahrungswissen des Disponenten für seine Tätigkeiten am Leitstand und zwischen dem Erfahrungswissen der Werkstattmitarbeiter über die Durchführung der Fertigung zu unterscheiden.

3.4.2.1. Gestaltungsdefizite bzgl. dem Erfahrungswissen des Disponenten

Das explizite Erfahrungswissen des Disponenten über die Einplanungsregeln (in Form von Heuristiken: FIFO, KOZ, LPT, etc.) sind bei allen untersuchten Leitständen anzutreffen und diese sind z.T. auch vom Disponenten zu parametrisieren. Weitere Möglichkeiten für die Abbildung von explizitem Erfahrungswissen bestehen nicht. Es bleibt dem Disponenten überlassen, Erfahrungswerte für seine Tätigkeiten persönlich in seinem "roten Buch" zu notieren. Das Wiederauffinden dieser Informationen hängt aber in starkem Maße vom Benutzer, dem Informationsumfang und den Ordnungskriterien ab. Auch können nicht mehrere Mitarbeiter auf diese Informationen zurückgreifen. Kompetenzförderliches Erforschen der "besten" Einplanung ist bei keinem untersuchten Leitstand gut unterstützt. Die, bei den meisten Leitständen verwendeten, benutzerinitiierten Dialogarten unterstützen zwar grundsätzlich besser als rechnerinitiierte das Erforschen, jedoch sind diese meist auf einige Funktionsbereiche, wie z.B. Plantafel und Arbeitsvorrat, beschränkt. Es fehlen desweiteren noch unterstützende Funktionen und Komponenten, um derartiges Erfahrungswissen zu sammeln und wiederzuverwerten. Die angebotenen Hilfesysteme sind nur passiv und nicht kontextsensitiv und unterstützen damit zu wenig das Erforschen.

3.4.2.2. Gestaltungsdefizite bzgl. dem Erfahrungswissen der Werkstattmitarbeiter

Erfahrungswissen der Werkstattmitarbeiter wird durch heutige Leitstände systemtechnisch kaum unterstützt (Bild 12), insbesondere kann das Verändern der Vorgabewerte entsprechend dem Erfahrungswissen nicht nachvollzogen werden. Möglichkeiten, um Erfahrungswissen in die Planungen einfließen zu lassen, existieren lediglich für die Rüstzeitfestlegung /73/ und für die Unterstützung von Umplanungsentscheidungen /74/. Dabei ist allerdings jeweils nur ein kleiner Bereich der Anwendung von Erfahrungswissen betroffen. Ansonsten gibt es nur durch Überschreiben von Daten (z.B. für die Planungsgrunddaten) die Möglichkeit, Veränderungen durchzuführen. Dies führt jedoch meist zu ungewünschten Inkonsistenzen der Datenbestände. Weitergehendes Sammeln bzw. Pflegen von Erfahrungswissen wird nicht unterstützt.

Der Austausch von Erfahrungswissen wird durch Formalisierung bei gleichzeitiger Technisierung der Kommunikation zwischen Fertigungssteuerung und Werkstatt erschwert. Eine Beteiligung der Werkstattmitarbeiter an der Fertigungssteuerung oder eine bessere Information der Werkstattmitarbeiter (Transparenz) werden nicht unterstützt.

	Gestaltungsdefizite heutiger Leitstände bei der Repräsentation des Wissens über:	
vorhandenes Erfahrungswissen des Disponenten über...	■ **geeignete** Einplanungsregeln ■ **Vorgabezeiten** für die Werkstückbearbeitung ■ die **situativen** Einflußgrößen auf die Planungen ■ die Einhaltung **vorgegebener** Termine **aufgrund** der Zuverlässigkeit von Maschinen etc.	■ Vorgehensweise des **Einplanungsvorgangs** ■ **'beste'** Belegung Ressourcen ■ **Informationen** zur Ausführung bestimmter Tätigkeiten ■ **"effizienteste"**, "beste" Systembedienung
vorhandenes Erfahrungswissen der Werkstattmitarbeiter über...	■ **Vorgabezeiten** für die Werkstückbearbeitung ■ **Bearbeitungseigenschaften** von Material (verschiedener Lieferanten) ■ **Zeit- und Materialreserven** ■ **mögliches Auftragsvolumen** pro Zeiteinheit	■ **situativ** beste Abarbeitungsreihenfolge der Aufträge ■ **Bewertung** von Bearbeitungsalternativen im Arbeitsplan ■ **Bewertung** von allgemeinen Planungsalternativen

Bild 12: Gestaltungsdefizite von heutigen Leitständen bzgl. dem Sammeln und Pflegen von Erfahrungswissen

3.4.3. Möglichkeiten der Handlungsflexibilität

Die Handlungsflexibilität bei Leitständen wird derzeit weitgehend unter dem Gesichtspunkt diskutiert, wie ein spezifischer, betrieblicher Anwendungsfall auf einen Leitstand abgebildet werden kann /75/. Lösungskonzepte hierfür betrachten die Datenmodellierung /76/ und Datenanpassung in der Datenbank, die Konfigurierung spezifischer Planungsfunktionen /77/, die Verwendung von Minifunktionsbausteinen /62/ und die Gesamtkonzepte von aufgabenanpassbaren Kernsystemen /78/,/79/.

Diesen Leitstandkonzepten fehlt jedoch die Betrachtung der benutzerorientierten Aspekte, wie sie für die funktionale Ebene der Benutzungsschnittstelle von Bedeutung ist (Bild 13).

Bei heutigen Leitständen existieren für den Benutzer nur Möglichkeiten, die Planungsstrategie zu parametrisieren und (insbesondere bei der Plantafel) den Betrachtungshorizont bzw. Zeitmaßstab für Darstellungen den Erfordernissen anzupassen.

Gestaltungsdefizite heutiger Leitstände bzgl. dem Gestaltungsaspekt der Handlungsflexibilität

- **keine** wahlfreien, effizienten Möglichkeiten zur **Aneinanderreihung** mehrerer unterschiedlicher **Tätigkeiten,**
- meist **vorbestimmte** umständliche Dialogsequenzen,
- **keine** Möglichkeiten zur **Speicherung** von **Benutzersichten und Fensteranordnungen,**
- **keine** arbeitswissenschaftliche Gruppierung der Funktionen,
- **Darstellungen** von **Tabellen und Grafiken** enthalten meist **deutlich mehr Daten** als zur **Information** benötigt werden, **ohne** daß der Benutzer diese situativ **seinem** Informationsbedarf **anpassen** kann,
- **Integrierte Schnittstellen** zu marktgängigen **Tabellenkalkulationsprogrammen** sind bei einigen Leitständen aufgrund ihrer Mächtigkeit und Komplexität **nicht geeignet** für **einfache** und **effiziente Auswertungsmöglichkeiten.**

Bild 13: Gestaltungsdefizite von heutigen Leitständen bzgl. dem Gestaltungsaspekt der Handlungsflexibilität

3.4.4. Realisierung der Aufgabenangemessenheit

Nach VDI 5005 soll der Benutzer durch eine geeignete Systemgestaltung in der Lage sein, seine Arbeitsaufgaben in angemessener Weise zu bearbeiten. Die **Aufgabenangemessenheit** wird durch die zu bearbeitende Aufgabe bestimmt und beinhaltet die Aspekte Effizienz und Effektivität, so daß der Vorbereitungs-, Interaktions- und Zeitaufwand möglichst gering ist. Durch die Effizienz wird die Aufgabenangemessenheit relativiert, so daß bei umfangreichen Berechnungen bedeutend längere Systemantwortzeiten akzeptabler sind, als bei einfachen Interaktionsschritten.

Ein zentrales Merkmal aufgabenangemessener Softwaregestaltung ist die Art und Weise der Unterstützung des Benutzers. Das Zusammenspiel der Unterstützung mit dem Benutzer ist insbesondere zur Realisierung des Werkzeuggedankens wichtig. Aus der arbeitswissenschaftlichen Gestaltungsanforderung an die Fertigungssteuerung nach Handlungs- und Entscheidungsspielräumen und nach "neuen Kontrollstrukturen" /28/ ergibt sich die Notwendigkeit, flexible und angemessene Unterstützung für das Treffen von Entscheidungen am Leitstand zu bieten. Beispielhaft sind einige, typische Entscheidungen aufgezählt:

- Prioritätsentscheidungen bei Konkurrenz zweier Aufträge um die Belegung derselben Ressource.
- Entscheidungen zwischen zwei Einplanungsalternativen bei einer Vielzahl von unterschiedlichen Zielerreichungen.
- Beurteilung der Zuverlässigkeit von Terminzusagen oder von Verfügbarkeitszusagen und Entscheiden über die Ableitung sich daraus ergebender, weiterer Handlungen.

Die gut strukturierten Aufgaben werden bei den meisten Leitständen ausreichend unterstützt, so daß der Benutzer von Routinetätigkeiten weitgehend entlastet wird. Für gering strukturierte Tätigkeiten wird dem Benutzer keine angemessene Unterstützung geboten. Es fehlen Funktionen, die den Benutzer bei der Lösungsfindung beraten oder führen. Meist wird traditionelle Unterstützung in Form von Simulationsprogrammen angeboten, die jedoch nur geringe Eingriffsmöglichkeiten für den Benutzer zulassen (z.B. durch Setzen der Simulationsparameter). Auch werden für gering strukturierte Tätigkeiten hohe Anforderungen an die Informations-/ Dialoggestaltung und die Transparenz der Daten und Funktionen gestellt. Der Benutzer muß in der Lage sein, die für ihn sinnvolle Unterstützung zu erkennen und auszuwählen. In Bild 14 sind die Defizite für die einzelnen Tätigkeitsklassen aufgeführt.

Tätigkeiten	Strukturiertheit der Aufgaben	Gestaltungsdefizite bezüglich der Aufgabenangemessenheit
informations-aufnehmend	● sehr hoch	■ **geringe Gestaltungsdefizite,** da **weitgehend die Daten** aus anderen Systemen (insbesondere aus PPS-Systemen) **übernommen** werden können;
informierend	◑ mittel	■ **erhebliche Gestaltungsdefizite,** da nur **fest definierte** Visualisierung (meist in tabellarischer Form) vorhanden sind, bei denen der Benutzer **Eingriffsmöglichkeiten** hat; ■ die z.T. **existierenden** Kopplungsmöglichkeiten zu Standardtabellen-kalkulationsprogramme sind meist umständlich zu bedienen;
vorbereitend	◔ gering	■ weitgehend nur **Formularbearbeitung;** ■ **keine** grafisch-interaktiven Veränderungen möglich; ■ Transparenz der Strukturdaten **nicht** ausreichend;
planend/ rechnend	◑ mittel	■ weitgehend **heuristische** Ansätze im Sinne einer traditionellen Unterstützung (Simulation), daher ■ nur **geringe** Eingriffsmöglichkeiten;
dispositiv planend/	◔ gering	■ **keine** Unterstützung des **Benutzer**s bei gering strukturierten Tätigkeiten; ■ **Ansätze** von Beratungs- und Assistenzhilfsmitteln werden diskutiert;
kontrollierend	◑ mittel	■ **Zahlreiche**, mächtige Auswertungsmöglichkeiten, die **nicht** für eine Steuerung durch den Leitstand angemessen sind: • zu unübersichtlich • zu unspezifisch • zu komplex;
kooperierend	◑ mittel	■ Abstimmung mit anderen Systemen teilweise normativ, **ohne** bidirektionale **Kommunikation** mit dem Leitstand; ■ **Kommunikation** mit anderen Leitständen **nicht** ausreichend;
System-bedienung	◑ mittel	■ Funktionen und Sichten nur über **hierarchische, starre** Menüs; ■ **keine** Eingriffsmöglichkeiten.

Bild 14: Gestaltungsdefizite von heutigen Leitständen bzgl. dem Gestaltungsaspekt der Aufgabenangemessenheit

3.5. Zusammenfassende Bewertung über den Stand des Wissens

Zur Betrachtung der Benutzungsschnittstelle von Leitständen eignet sich der software-ergonomische Modellrahmen der VDI-Richtlinie 5005. Die in der Literatur vorliegenden Gestaltungsempfehlungen unterstützen die funktionale Gestaltungsebene nur sehr gering. Auch die Gestaltungsempfehlungen für die Aufgaben-, Dialog- und Ein-/Ausgabeebene sind zum einen in Form von Gestaltungszielen zu abstrakt gehalten, zum anderen sind die Empfehlungen in Form von Richtlinienkatalogen (Styleguides) zu detailliert, ohne daß Besonderheiten des Anwendungsbereichs Fertigungssteuerung berücksichtigt werden können. Die Untersuchung verschiedenartiger Leitstände (und Leitstandskonzepte) ergab, daß die Gestaltung der funktionalen Ebene nicht benutzer- und aufgabenangemessen ist.

Es fehlen zum einen wichtige Funktionen im Zusammenspiel der Benutzung und zum anderen ist der Funktionsumfang nicht geeignet abgegrenzt. Strukturelle Defizite sind insbesondere bei folgenden Funktionen festzustellen:

- Funktionen, um vollständige Tätigkeitsregelkreise zu ermöglichen;
- Funktionen, um Erfahrungswissen aufzunehmen, zu verwalten und wiederzuverwenden;
- Funktionen, um benutzerorientierte Anpassungen durchzuführen;
- Funktionen, um gering strukturierte Aufgaben angemessen zu unterstützen.

Somit sind Werkzeuge und Konzepte notwendig, um auf der funktionalen Ebene Unterstützung bei der Strukturierung und Gestaltung der Funktionen zu geben.

4. ANFORDERUNGEN AN DIE GESTALTUNG DER UNTERSTÜTZUNG DURCH BENUTZERWERKZEUGE

4.1. Begriff "Benutzerwerkzeug"

Benutzerwerkzeuge sind Bausteine auf der Benutzungsoberfläche. Sie sind Strukturierungen der funktionalen Ebene der Mensch-Rechner-Interaktion, um dem Benutzer angemessene Unterstützung bei der Bewältigung seiner Aufgaben anzubieten. Benutzerwerkzeuge sind Komponenten, die sich dadurch auszeichnen, daß sie dem Benutzer Eingriffs- und Gestaltungsmöglichkeiten bieten. Somit unterscheiden sich Benutzerwerkzeuge von anderen Strukturierungen der Funktionen am Leitstand durch den Werkzeugcharakter (vgl. Abschnitt 2.3.), die Benutzerorientierung und die Aufgabenangemessenheit der Unterstützung.

Ein Benutzerwerkzeug ist ferner dadurch gekennzeichnet, daß es zur Erfüllung einer Arbeitsaufgabe zusammen mit anderen Benutzerwerkzeugen vom Benutzer relativ autonom eingesetzt werden kann. Damit der Benutzer eine Arbeitsaufgabe bewältigen kann, werden ein oder mehrere Benutzerwerkzeuge von ihm aufgerufen, mit denen er jeweils Teilaufgaben parallel oder sequentiell löst.

4.2. Grundsätzliche Anforderungen an die Gestaltung der Unterstützung des Benutzers am Leitstand

Die Anforderungen an die Gestaltung der Unterstützung ergeben sich aus zwei Perspektiven. Bild 15 zeigt die direkten Anforderungen aus Benutzerperspektive und die indirekten Anforderungen aus Softwareentwicklerperspektive. Für den Benutzer ist es bedeutsam, Eingriffsmöglichkeiten durch ein Werkzeug /17/ zu erhalten, mit dem er effizient seine Aufgaben lösen kann. Dabei soll der Benutzer Anpassungen des Leitstandes an seine Aufgaben, seine Arbeitsabläufe und aktuelle Besonderheiten selbständig vornehmen können. Der Benutzer soll die permanente Kontrolle über das Werkzeug haben, so daß deren Wirkungen und deren Ergebnisse unmittelbar erkennbar sind /80/.

Aus Perspektive des Softwareentwicklers soll ein Konzept den softwaretechnischen Strukturierungsanforderungen /81/82/ gerecht werden, so daß die entstehende Software anpassbar und wiederverwertbar ist.

Perspektive des Benutzers	**Benutzerorientierung** ■ leichte **Bedienbarkeit** ■ **Individualisierbarkeit** ■ **Eingriffsmöglichkeiten** ■ **Kompetenzförderlichkeit** **Aufgabenangemessenheit** ■ Anwendungsbereich der **Fertigungssteuerung** ■ **effiziente** Bedienbarkeit ■ **geeignete** Unterstützung bei der Lösung der Aufgaben	■ transparente **Benutzungsoberflächenstrukturierung** ■ **hohe** Anpaßbarkeit an sich **verändernde** Aufgaben und Abläufe
Perspektive des Softwareentwicklers	**Strukturierung der Benutzungsoberfläche** ■ **Modularisierbarkeit** mit klaren Schnittstellen ■ **Spezialisierbarkeit** /Individualisierbarkeit durch begrenzte Änderbarkeit ■ **Konfigurierbarkeit** auf spezielle Anwendungen hin	■ **Aggregierbarkeit** ■ **Erweiterbarkeit** innerhalb des Konzepts ■ **Integrierbarkeit** durch offene Schnittstellen

Bild 15: Anforderungen an Benutzerwerkzeuge

4.3. Anforderungen an die Gestaltung der Unterstützung des Benutzers am Leitstand aus Aufgaben- und Benutzeranalysen

Die Grundlage jeglicher arbeitswissenschaftlicher Softwaregestaltung ist die Analyse der Aufgaben, die mit dem System ausgeführt werden sollen, und die Analyse der Benutzer des Systems /83/.

4.3.1. Systematik der Tätigkeiten am Leitstand (Aufgabenanalyse)

Die Aufgabenanalyse beschreibt die Art und Merkmale der Aufgaben, die der Benutzer mit dem Leitstand ausführt. Die hierfür bekannten Verfahren zur Beschreibung und Klassifizierung von Aufgaben sind sehr unterschiedlich. Zum einen existieren Verfahren, die auf den Softwareentwickler zielen und eine systemtechnische bzw. anwendungsseitige Perspektive besitzen, und zum anderen die Verfahren mit benutzerorientierter Perspektive (zur Diskussion über einige dieser Verfahren siehe /84/). In Bild 16 sind diese Verfahren klassifiziert. Verfahren aus den unterschiedlichen Klassen werden in der vorliegenden Arbeit verwendet, wobei deren Anwendbarkeit auf den Leitstandsbereich diskutiert wird.

Verfahren der ...	Verfahren zur Aufgabenanalyse	Beurteilung der Verfahren
Klassifizierung		
Systemorientierte Perspektive: Unterstützung der Bewertung und Systematisierung durch Dekomposition der Aufgaben und Funktionen	■ **Klassifizierung** der Funktionen durch Fachverbände und Institutionen: • VDI T77 /85/, • KCIM /86/.	■ **Isolierte Betrachtungsweise** mit vorgefertigter Mensch-Rechner-Funktionstrennung. ■ Verwendung in **Funktionsübersicht des Leitstands** (Bild 2).
Benutzerorientierte Perspektive: Unterstützung der Bewertung und Systematisierung durch Dekomposition der Aufgaben Tätigkeiten	■ **Arbeitsorientierte Verfahren:** • VERA /87/, • ATA, • TBS-GA /27/. ■ **Pragmatischer Ansatz** für die Fertigungssteuerung /28/.	■ **Geeignete Betrachtungsweise bei Arbeitsbewertung** (insbesondere bei Arbeitsveränderungen). ■ Verwendung bei der **Aufgabendekomposition** (Bild 17).
statischen Analyse		
Systemorientierte Perspektive: Beschreibungen von Beziehungen zwischen Aufgabengegenständen	■ **Datenorientierte Verfahren:** • ERM /88/, Unternehmensdatenmodellierung /16/. • Objektorientierte Modellierung /76/. • Einzelbeschreibung von Entscheidungszellen mittels GRAI-Methode /89/.	■ **Spezielle Betrachtungsweise für Datenstrukturen,** die jedoch nicht Datenstrukturen/-objekte der Benutzungsoberfläche sind. ■ Für die **Beschreibung** der einzelnen Benutzerwerkzeuge sind die Entscheidungszellen aufgrund ihrer Anwendungsorientierung angemessen (Kapitel 6).
Benutzerorientierte Perspektive: Beschreibungen zur Vorherbestimmung und Evaluation von Leistungsmerkmalen einer Benutzungsschnittstelle		■ **Sehr aufwendiges Verfahren** für die Feinmodellierung und Verfahrensoptimierung von einzelnen Dialogschritten (ungeeignet für komplexe Gesamtsysteme).
dynamischen Analyse		
Systemorientierte Perspektive: Beschreibung der Abfolge von Aufgaben und Funktionen	■ **Funktionsorientierte Verfahren:** • Structured Analysis /90/, • Vorgangsketten /91/. ■ **Steuerflußorientierte Verfahren** /92/: • Nassi-Schneidermann-Diagramme, • Datenflußdiagramme. ■ **Dateflußorientierte Verfahren** /93/.	■ Diese **kontrollflußorientierte Betrachtungsweise** ist: - wenig geeignet für die arbeitswissenschaftlichen Aspekte, - aber geeignet für die Beschreibung ablauforientierter Benutzerwerkzeuge.
Benutzerorientierte Perspektive: Beschreibung der Abfolge von Aufgaben und Benutzeroperationen	■ **Petrinetz- Verfahren** für die Dialogbeschreibung ■ Vom **Petri-Netz abgeleitete** aufgabenorientierte Verfahren: • RFA /94/ • Aufgabennetze /95/	■ **Beschreibung** für komplexe Gesamtsysteme sehr aufwendig, daher nur für die Abfolge der Benutzerwerkzeuge geeignet.

Bild 16: Charakterisierung und Beurteilung von Verfahren der Aufgabenanalyse

Die im nachfolgenden dargestellte Klassifizierung der Aufgaben am Leitstand lehnt sich an die Arbeiten von HACKER /27/ über das Tätigkeitsbewertungssystem- Geistige Arbeit TBS-GA und an die Arbeiten von MANSKE/28/ an. Attributierung der Aufgaben (z.B. Realeinplanung versus Simulation), Realisierungsansätze (z.B. manuell versus automatisch) und ähnliche Lösungsbeschreibungen sind zwar häufig bei Aufgabenbeschreibungen anzutreffen, widersprechen aber dem ursprünglichen, lösungsneutralen Ansatz des Begriffs Aufgabenanalyse und werden daher nicht vorgenommen.

Zusätzlich zu diesen Klassen wird noch die Systembedienung als sekundäre Tätigkeit betrachtet. Ein wesentliches, allgemeines Merkmal stellt die Strukturiertheit dar. Aus den Ausführungen in /28/ und /96/ wird deutlich, daß die vielfältigen Aufgabenstellungen des Leitstandbenutzers in unterschiedlicher Weise bearbeitet werden. Dabei werden situativ Gegebenheiten und Erfahrungswissen berücksichtigt. Für viele Tätigkeiten am Leitstand lassen sich somit keine festen Berechnungs- oder Entscheidungswege angeben. Solche Tätigkeiten werden als wenig strukturierte Tätigkeiten bezeichnet. Weitere Merkmale, wie Komplexität, Häufigkeit, Wiederholungsrate und Dauer, unterliegen einer großen Bandbreite entsprechend dem betrieblichen Einsatzfall. Daher finden diese Merkmale für die Auswahl der Benutzerwerkzeuge Anwendung, nicht jedoch bei der grundsätzlichen Gestaltung.

In Bild 17 sind die Tätigkeiten in ihrer konzeptionellen Hierarchie verfeinert dargestellt. Diese Tätigkeiten sind den Objektenklassen "Auftrag" (Arbeitsgang, AVO, Fertigungsauftrag u.ä.) sowie "Ressource" (Mitarbeiter, Maschine, Werkzeug u.ä.) zugeordnet. Innerhalb einer Objektklasse bestehen grundsätzlich dieselben Möglichkeiten von Tätigkeiten.

Tätigkeiten (Legende: ■ direkter Bezug, □ kein direkter Bezug)	Auftrag	Ressource
Informationsaufnehmend		
● Übernehmen von **Planwerten** (Bewegungsdaten)	■	□
● Übernehmen von **Istwerten** (Bewegungsdaten)	■	■
● Übernehmen von **Stammdaten**	■	■
Informierend		
● Mitteilen der **Kapazitätsbelegung** der beplanten Ressourcen	□	■
● Mitteilen des **Kapazitätsbedarf** der unbeplanten Ressourcen	□	■
● Mitteilen von **Planwerten**	■	□
● Mitteilen von **Istwerten**	■	□
● Mitteilen **aggregierte Istwerten** an PPS	■	□
● Anworten von **weiteren Anfragen**	■	■
Vorbereitend		
● Verändern **Bewegungsdaten** (Hinzufügen, Entfernen, Korrigieren)	■	■
● Verändern **Stammdaten** (Hinzufügen, Entfernen, Korrigieren)	■	■
● Verändern **Strukturen** (Zusammenfassen, Splitten,Vertauschen)	■	■
● Festlegen von **Planungsparametern**	■	■
Planend-rechenhaft		
● Bestimmen **Auftragszeitfenster**	■	□
● Bestimmen **grundsätzlich möglicher Ressourcen**	□	■
● Bestimmen **belegbarer Ressourcenzeitfenster**	□	■
● Bilden der **Auftragsreihenfolgebildung**	■	■
● **Terminieren** entsprechend Planungsstrategie (mit Kapazität)	■	■
● Prüfen der **Verfügbarkeit** von nicht verplanten Ressourcen	□	■
Dispositiv-planend		
● Auswählen einer **Ressource** bei Gleichrangigkeit	□	■
● Verändern von **Belegungen**	□	■
● Priorisieren von **Objekten**	■	■
● Auswählen der **Planungsstrategie**	■	□
● Auswählen von **Arbeitsplänen**	■	□
● Planen von **Kapazitäten**	□	■
● Entscheiden über **Reaktionen** auf Störungen	■	■
Kontrollierend		
● Prüfen der **Plausibilität** der übernommenen Daten	■	■
● Überwachen der **PPS-Planungsvorgaben**	■	□
● Überwachen des **Auftragsfortschritt**	■	□
● Überwachen der eigenen **Planungsvorgaben** (Soll-Ist-Vergleich)	■	□
● Kontrollieren der eigenen **Planungsqualität**	■	■
● Auswerten von **Auftrags-/AVO-Daten** (Durchlaufzeit, Qualität)	■	□
● Auswerten der **Ressourcendaten** (Auslastungs-, Kostenanalyse)	□	□
Anweisend		
● Vergeben von **Arbeitsanweisungen** an ausführende Stelle	■	□
● Vergeben von **Fremdaufträgen**	■	□
Kooperierend		
● Abstimmen mit anderen **Leitständen**	■	□
● Abstimmen mit anderen **Systembenutzern**	■	■
● Abstimmen mit **Informationssystemen** (PPS,Lagersysteme,etc.)	■	■
● Abstimmen mit **ausführenden Stellen**	■	■
Systembedienung		
● Aufrufen von **Funktionen** (Navigation)	■	■
● Definieren von **Sichten**	■	■

Bild 17: Tätigkeiten am Leitstand aus benutzerorientierter Perspektive mit Zuordnung zu den möglichen Bezugsobjekten

4.3.2. Vorgangsketten am Leitstand

Neben der klassifizierenden Darstellung der Tätigkeiten am Leitstand ist die dynamische Betrachtung notwendig. In Bild 18 sind die wesentlichen Vorgangsketten aufgeführt. Dabei sind insbesondere die Art der beteiligten Tätigkeiten interessant (und nicht nur die Abfolge, da nunmehr die Parallelität der Bearbeitung betrachtet werden muß). Der Ein- und der Umplanungsvorgang wird noch in unterschiedliche Schwierigkeitsstufen unterteilt. Diese unterscheiden sich zum einen in den Tätigkeiten und zum anderen in den Iterationen, die insbesondere durch häufige Beauskunftungen sowie zusätzliche Planungsversionen bedingt sind.

Vorgangskette	Teilvorgangsketten		Erläuterungen
Einplanung			
EE	**Einplanen**	einfach	**eine** Ressource **ohne** Verfügbarkeitsprüfungen
EM	**Einplanen**	mittel	**mehrere** Ressourcen (**geringe** Abstimmungen)
EK	**Einplanen**	komplex	**mehrere** Ressourcen (**aufwendige** Abstimmungen)
Umplanung			
UE	**Umplanen**	einfach	AVO: verschieben
UM	**Umplanen**	mittel	Auftrag: verschieben (**geringe** Abstimmungen)
UK	**Umplanen**	komplex	Auftrag: verschieben (**aufwendige** Abstimmungen)
Verkürzung der Durchlaufzeit			
SP	**Splitten**		Aufträge/ AVOs
ZU	**Zusammenlegen**		Aufträge/ AVOs
ÜB	**Überlappen**		Aufträge/ AVOs
Aktualisierung der Arbeitsplanwerte			
GV	**Arbeitsgangdaten**		verändern
PV	**Arbeitsplanstruktur**		verändern
AE	**Arbeitsplanalternativen**		erstellen und auswählen
Überwachung des Auftragsfortschritt			
BP	**BDE-Daten**		prüfen, ggfs. aktualisieren und abstimmen über Auftragsfortschrittsverspätungen
PD	**Prognoserechnung**		durchführen
AF	**Auftragsfreigabe**		durchführen
Verplanen weiterer Ressourcen			
RP	**Ressourcenplanung**		• Personal • Werkzeuge • Transportmitel • ....

Bild 18: Typisierungen von Vorgangsketten der Fertigungssteuerung

Die kritischen Vorgangsketten für den Leitstandsbereich bestehen aus einer Vielzahl von Operationen und Funktionen. Für die Entwicklung und Gestaltung des Leitstands wurden alle kritischen Vorgangsketten abgebildet. In Bild 19 ist die Vorgangskette "Einplanen komplex" exemplarisch dargestellt, wobei nur die wesentlichen Zusammenhänge zwischen den Tätigkeiten in diesem Bild aufgenommen sind.

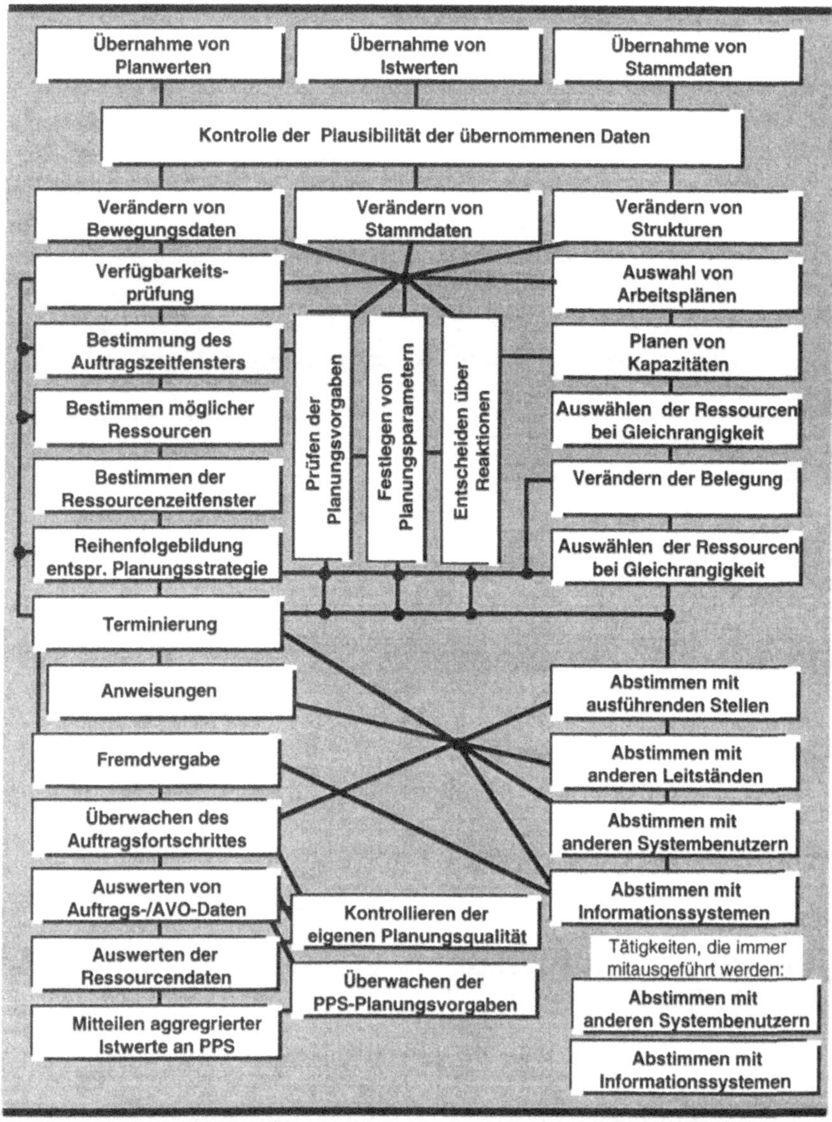

Legende: Die Linien zeigen die wesentlichen Abfolgen zwischen den Tätigkeiten auf. Eine Sequenz des Aufrufes einer Tätigkeit durch eine andere Tätigkeit wird nicht beschrieben, da aufgrund der Parallelität der Tätigkeiten wechselseitige Initiative vorliegen kann.

Bild 19: Beziehungen zwischen den Tätigkeiten bei der Vorgangskette Einplanen "komplex" am Leitstand

In Bild 20 sind zusammenfassend die einzelnen möglichen Tätigkeiten bei den Vorgangsketten dargestellt.

4.3.3. Ableitung von Anforderungen

Die wesentlichen Vorgangsketten für die Fertigungssteuerung wurden ermittelt. Somit kann eine Orientierung der Herleitung von Benutzerwerkzeugen an diesen Vorgangsketten erfolgen.

Als Fazit aus der durchgeführten Aufgabenanalyse ergibt sich, daß die Möglichkeiten der sinnhaften Aneinanderreihung der einzelnen Tätigkeiten aufgrund vieler, unterschiedlicher Vorgangsketten sehr groß sind. Daher ist eine hohe Flexibilität bzgl. der Abfolge der einzelnen Tätigkeiten erforderlich, entsprechend der, vom Benutzer vollzogenen, Vorgangsketten, bei gleichzeitiger einfacher und effizienter Bedienung.

4.3.4. Benutzeranalyse und Ableitung von Anforderungen

Die Fertigungssteuerung wird traditionell von unterschiedlichen Gruppen von Steuerungspersonal durchgeführt. Im Zusammenspiel werden die Aufgaben bewältigt. In Bild 21 sind exemplarisch die wesentlichen Typen von Steuerungspersonal, bei einer Betriebsgröße von 460 bis 1120 Mitarbeitern dargestellt /28/.

Alle aufgeführten Typen von Steuerungspersonal sollen den Leitstand bedienen, wobei der Grad der Intensität und das Maß der Handlungskompetenz unterschiedlich ist. Die verschiedenen Vorgangsketten werden derzeit von unterschiedlichen Benutzern durchgeführt, wobei die komplexeren Vorgangsketten (mit vielen Iterationen) nicht von Sachbearbeitern, sondern überwiegend von Disponenten bearbeitet werden. Aufgrund der unterschiedlichen Qualifikationen (und Weiterqualifizierungsmöglichkeiten) der möglichen Benutzer ist eine Gestaltung notwendig, die derartigen Unterschieden gerecht wird.

Legende: ■ direkter Bezug □ kein direkter Bezug

Tätigkeiten	Vorgangsketten															
	EE	EM	EK	UE	UM	UK	SP	ZU	ÜB	GV	PV	AE	BP	PD	AF	RP
Informationsaufnehmend																
Übernehmen von **Planwerten**	■	■	■	□	□	□	□	□	□	□	□	□	□	□	□	■
Übernehmen von **Istwerten**	□	□	□	□	□	□	□	□	□	□	□	□	□	□	□	□
Übernehmen von **Stammdaten**	■	■	■	□	□	□	□	□	□	□	□	□	□	□	□	■
Informierend																
Mitteilen der **Kapazitätsbelegung**	□	■	■	□	■	■	□	□	□	□	□	□	□	□	□	■
Mitteilen der **Kapazitätsbedarf**	□	□	■	□	□	■	□	□	□	□	□	□	□	□	□	□
Mitteilen der **Planwerte**	□	□	■	□	□	■	□	□	□	□	□	□	□	□	■	□
Mitteilen der **Istwerte**	□	□	■	□	□	□	□	□	□	□	□	□	□	□	■	□
Mitteilen der **aggregierte Istwerte**	□	□	□	□	□	□	□	□	□	□	□	□	□	□	■	□
weitere **Anfragen** beantworten	□	□	■	□	□	■	□	□	□	□	□	□	□	□	■	□
Vorbereitend																
Verändern der **Bewegungsdaten**	□	■	■	□	□	□	■	■	□	■	■	□	■	□	□	■
Verändern der **Stammdaten**	□	□	■	□	□	□	■	■	□	□	□	□	□	□	□	□
Verändern der **Strukturen**	□	□	■	□	□	□	■	■	□	■	□	■	□	□	□	□
Vestlegen der **Planungsparameter**	□	■	■	□	□	■	□	□	□	■	□	□	□	□	□	■
Planend-rechenhaft																
Bestimmen der **Auftragszeitfenster**	■	■	■	■	■	■	■	□	■	□	□	□	□	□	□	□
Bestimmen der möglichen **Ressourcen**	■	■	■	■	■	■	■	□	■	□	□	□	□	□	□	■
Bestimmen der **Ressourcenzeitfenster**	■	■	■	■	■	■	■	□	■	□	□	□	□	□	□	■
Bilden der **Auftragsreihenfolge**	■	■	■	■	■	□	□	□	□	□	□	□	□	□	□	■
Terminieren (nach Planungstrategie)	■	■	■	■	■	□	□	□	□	□	□	□	□	□	□	■
Prüfen der **Verfügbarkeit**	□	■	■	■	■	■	■	□	■	□	□	□	□	□	□	■
Dispositiv-planend																
Auswählen der **Ressource**	□	■	■	□	■	■	□	□	□	□	□	□	□	□	■	■
Verändern der **Belegungen**	□	□	■	□	□	■	□	□	□	□	□	□	□	□	□	■
Priorisieren von **Objekte**	□	■	■	□	■	■	■	■	■	■	■	□	□	□	■	■
Auswählen der **Planungsstrategie**	□	□	■	□	□	■	□	□	□	□	□	□	□	■	□	■
Auswählen von **Arbeitspläne**	□	□	■	□	□	■	□	□	□	□	□	■	□	□	□	■
Planen von **Kapazitäten**	□	□	■	□	□	■	□	□	□	□	□	□	□	■	□	■
Entscheiden über **Reaktionen**	□	■	■	□	□	■	■	■	■	■	■	■	■	□	■	■
Kontrollierend/prüfend																
Plausibilität der übernommenen Daten	■	■	■	□	□	□	□	□	□	■	■	■	■	□	□	■
PPS-Vorgaben überwachen	■	■	■	■	■	■	□	□	□	□	□	□	■	■	□	■
Auftragssfortschritt überwachen	□	□	□	□	□	□	□	□	□	□	□	□	■	■	■	□
Planungsvorgaben (Soll-Ist-Vergleich)	□	□	□	□	□	□	□	□	□	□	□	□	■	□	■	□
Planungsqualität kontrollieren	■	■	■	■	■	■	■	■	■	■	■	■	□	□	□	■
Auftrags-/AVO-Daten auswerten	■	■	■	■	■	■	□	□	□	□	□	□	■	■	□	■
Ressourcendaten auswerten	■	■	■	■	■	■	□	□	□	□	□	□	■	■	□	■
Anweisend																
Arbeitsanweisungen vergeben	□	□	□	□	□	□	□	□	□	□	□	□	□	□	□	□
Fremdaufträge vergeben	□	□	□	□	□	□	□	□	□	□	□	□	□	□	□	□
Kooperierend																
mit anderen **Leitständen**	■	■	■	■	■	■	□	□	□	□	□	□	□	□	□	■
mit anderen **Systembenutzern**	□	■	■	□	■	■	■	□	□	□	□	□	□	□	□	■
mit anderen **Informationssystemen**	□	□	■	□	□	■	□	□	□	□	□	□	■	■	□	■
mit **ausführenden Stellen**	□	□	■	□	□	■	□	□	□	■	■	■	□	□	□	■
Systembedienung																
Aufruf von **Funktionen** (Navigation)	■	■	■	■	■	■	■	■	■	■	■	■	■	■	■	■
Definieren von **Sichten**	■	■	■	■	■	■	■	■	■	■	■	■	■	■	■	■

Bild 20: Zuordnung von Tätigkeiten zu den Vorgangsketten am Leitstand (vgl. Bild 18)

Typen von Steuerungspersonal		Zahl der eingesetzten Personen					
		Fall 1	Fall 2	Fall 3	Fall 4	Fall 5	Fall 6
Dispo-nenten	Steuerungsdisponent	1	1	1	1	1	1
	Arbeitsverteiler (dispositiv u. EDV-geleitet)	2	3	1	3	-	-
Sachbearbeiter	Arbeitsverteiler (operativ)	2	-	1	-	-	-
	Terminsachbearbeiter	-	2	-	2	4	5
	Planungssachbearbeiter	0,5	-	-	-	-	-
	Beschaffungssachbe-arbeiter	0,5	1	-	1	1	-
	Datensachbearbeiter	-	-	-	-	-	1
Hilfskräfte		2	1	2	3	3	1

Bild 21: Typisierung von Steuerungspersonal bei der Fertigungssteuerung und deren quantitatives Verhältnis bei 6 untersuchten Betrieben /28/

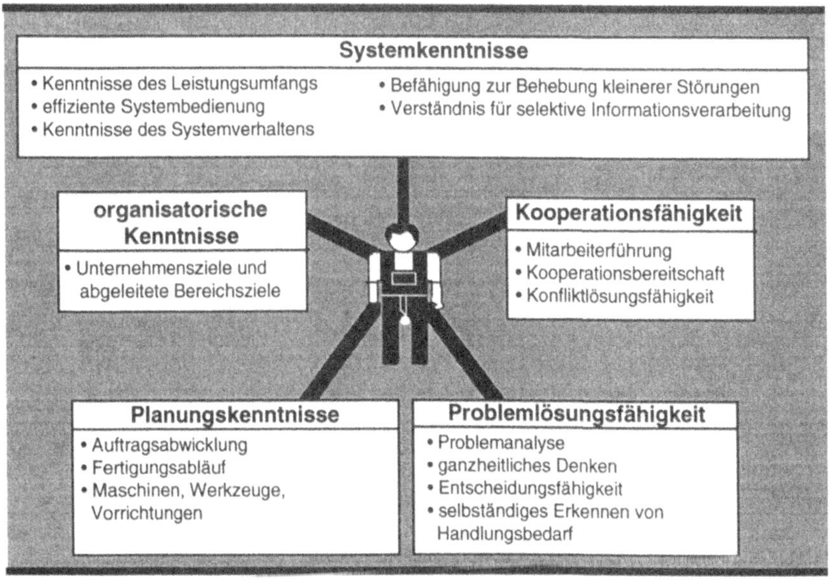

Bild 22: Idealbild bzgl. der Fähigkeiten und Kenntnisse des Leitstandbenutzers

In Bild 22 ist ein Idealbild der Fähigkeiten und Kenntnisse eines Leitstandbenutzers für dispositive Tätigkeiten dargestellt. Es wird deutlich, daß bei dieser Vielfalt und dieser Komplexität, der Leitstand eine neue Qualität als Unterstützungsmittel für den Benutzer darstellt.

Zielsetzung der Benutzerwerkzeuge ist es, daß diese dargestellten Fähigkeiten und Kenntnisse durch den Leitstand gefördert und unterstützt werden. Dies bedeutet, daß eine hohe Anpaßbarkeit des Leitstands an die Merkmale der unterschiedlichen, möglichen Benutzer notwendig ist und zum anderen eine hohe Kompetenzförderlichkeit vorhanden sein muß. Somit ergibt sich ein Bedarf an geeigneten Gruppierungen der Tätigkeiten und insbesondere der Gruppierung der Unterstützungsleistung des Leitstands in Form von Werkzeugen.

5. HERLEITUNG UND KLASSIFIZIERUNG VON BENUTZERWERKZEUGEN

5.1. Herleitung von Benutzerwerkzeugen

Die Benutzungsoberfläche von Leitständen im Konzept der Benutzerwerkzeuge weist eine unterschiedliche Ausgestaltung im Vergleich zu den herkömmlichen funktionsorientierten Betrachtungen auf. Bei der Vielzahl der arbeitswissenschaftlichen Forderungen und der Breite möglicher Einsatzfälle (organisatorisch und funktional) existiert dabei eine Vielzahl möglicher Benutzerwerkzeuge.

Unter Berücksichtigung der Analysen der Gestaltungsdefizite bei der durchgeführten Untersuchung werden Gestaltungsempfehlungen unter den 3 VDI- Gestaltungskriterien Kompetenzförderlichkeit (bzgl. vollständiger Tätigkeiten und Erfahrungswissen), Handlungsflexibilität (bzgl. benutzerorientierter Anpassbarkeit) und Aufgabenangemessenheit (bzgl. Unterstützungsbedarf) aufgestellt.

5.2. Gestaltungsempfehlungen für Benutzerwerkzeuge

5.2.1. Spezielle Gestaltungsempfehlungen bzgl. Kompetenzförderlichkeit

Gestaltungsempfehlung 1: Zur Ermöglichung von vollständigen Tätigkeiten für den Benutzer sollen alle Tätigkeiten innerhalb der anfallenden Vorgangsketten am Leitstand angemessen unterstützt werden. Keine Tätigkeit sollte durch Medienbrüche oder einen nachteiligen Wechsel des Informationssystems beeinträchtigt werden."

Die Unterstützung durch einen Leitstand wird oft durch eine zu geringe Unterstützung einzelner, wesentlicher Tätigkeiten innerhalb einer Vorgangskette so nachteilig beeinflußt, daß die gesamte Vorgangskette als zu gering unterstützt zu bewerten ist. Somit sind z.B. Einplanungsvorgänge ohne die Möglichkeiten der Veränderungen von Arbeitsgangreihenfolgen nicht sinnvoll, da ansonsten praxisferne Planungsergebnisse entstehen.

Zur Erreichung einer vollständigen Unterstützung wurden daher die Tätigkeiten aller bedeutungsvoller Vorgangsketten analysiert und angemessene Unterstützungsformen herausgearbeitet. Dies ergab, daß die Vorgangsketten teilweise mehrere, gleichwertige Objekte (AVO, Auftrag, Maschinen, etc.) besitzen, die gleichzeitig ausgeregelt werden müssen. Der Benutzer muß somit mehrere Zielgrößen gleichzeitig verfolgen und muß zwischen diesen entsprechend den situativen Gegebenheiten abwägen (z.B. Abwägung zwischen Auftragsterminverzug und Mitarbeitereinsatzplanung).

Gestaltungsempfehlung 2: "Zur Erreichung von vollständigen Tätigkeiten für den Benutzer sollen die Vorgangsketten jeweils überschaubare, geschlossene Regelkreise bilden. Dabei sollen die wesentlichen Tätigkeiten durch Benutzerwerkzeuge unterstützt werden."

Innerhalb einer Vorgangskette sollen die Tätigkeiten einen vollständigen Regelkreis bilden. Ein geschlossener Regelkreis bedeutet, daß die Rückführung der Arbeitsergebnisse am Leitstand (z.B. erfolgte Einplanung) für eine Überprüfung mit den Vorgabewerten erfolgen kann. Falls sich eine objektbezogene Vorgangskette auf mehrere Objekte (AVO, Auftrag, Maschinen, etc.) bezieht, so soll der Regelkreis auch alle diese Objekte umfassen. Funktionsbezogene Vorgangsketten (Planung, Qualitätsprüfung, Werkzeugverwaltung, etc.) kommen auch vor, wobei allerdings auch ungewollte, tayloristische Funktionsteilungen festgeschrieben werden können. In Bild 23 ist eine arbeitswissenschaftliche Idealvorstellung (vgl. /28/) eines vollständigen Regelkreises einem unvollständigen Regelkreis am Beispiel der Auftragseinplanung gegenübergestellt.

	Beispiel für einen vollständigen Regelkreis	Beispiel für einen unvollständigen Regelkreis
x (Regelgröße)	• **Auftrag** (mit Auftragsstart- und - endterminen und Mengen)	• **Auftrag** mit **Endterminen**
x_S (Sollgröße)	• **Auftragsecktermine** • **Auftragssollmenge**	• **Auftragsecktermine**
Weitere Vorgabegrößen	• modifizierbarer, mehrdeutiger **Arbeitsplan**	• festgeschriebener **Arbeitsplan**
Regelstrecke	• **Fertigung** (einschließlich anderer Mitarbeiter, die über PRODUPOST in engem Kontakt zum Leitstand-benutzer stehen)	• **Fertigung** (andere Mitarbeiter, die in keinem Kontakt zum Leitstandbenutzer stehen)
Regler	• **Leitstand**, an dem die Vorgabe-größen und die Menge situativ angepaßt werden und - der **früheste Auftragstermin** - der **verbindliche Auftrags-endtermin** ermittelt werden.	• **Leitstand**, an dem die verbindlichen **Auftragsstart- und Auftragsendtermine** ermittelt werden.
z (Störgröße)	• unvorhersehbare **Fertigungs-störungen** und -schwierigkeiten (z.B. Personalausfall, Maschinendefekt)	• vorhersehbare Unstimmigkeiten in den **Vorgabewerten** • unvorhersehbare **Fertigungs-störungen** -schwierigkeiten (z.B. Personalausfall, Maschinendefekt)
x_I (Istgröße)	• frühester **Auftragsstarttermin** • verbindlicher **Auftragsendtermin**	• verbindliche **Auftragsstart- und -endtermine**
Rückführgrößen	• effektive **Auftragsstart**- und **-endtermine** • **Erfahrungswissen** über Vorgabegrößen • **Informationsaustausch** mit führenden Mitarbeitern	• effektive **Auftragsstart- und -endtermine**
Bewertung	• Vorhersehbare **Störungen** können antizipiert werden. • Der Einsatz des **Erfahrungswissens** wirkt motivierend auf alle Werkstatt-mitarbeiter.	• Vorhersehbare **Störungen** müssen situativ geregelt werden. • Dies verursacht - Belastungen der Mitarbeiter - aufwendige Planungsaktionen.

Bild 23: Gegenüberstellung eines vollständigen und eines unvollständigen Regelkreises beim Planen am Leitstand

5.2.2. Spezielle Gestaltungsempfehlungen bzgl. Erfahrungswissen

Das Erfahrungswissen wird eingeteilt in ein explizites Erfahrungswissen, welches man in Algorithmen oder Regeln fassen kann, und in ein implizites Erfahrungswissen, welches als "Fingerspitzengefühl" nicht fomulierbar ist. Durch das Extrahieren von Wissen und geeignete softwaremäßige Abbildung durch Algorithmen wird versucht, das explizite Erfahrungswissen systemtechnisch zu unterstützen /97/. Das implizite Erfahrungswissen kann jedoch nur durch das Setzen von Rahmenbedingungen unterstützt werden, wie z.B. durch exploratives Benutzen (Erkunden und Experimentieren) /98/. Die Gestaltungsempfehlungen berücksichtigen die Dimensionen "Disponenten (bzw. Benutzer) und Werkstattmitarbeiter" und die Dimension des "expliziten und impliziten Erfahrungswissens". Somit ergeben sich die folgenden vier Gestaltungsempfehlungen:

Gestaltungsempfehlung 3: "Dem Disponenten sollen systemtechnische Möglichkeiten geboten werden, seine Planungen simulativ unter Verwendung von eigenen gesammelten Planungswerten durchzuführen und diese miteinander zu vergleichen. (Explizites Erfahrungswissen des Disponenten)"

Die Bewertung der Planungen erfolgt meist unter Abwägung von mehreren, auch antagonistischen Zielsetzungen (z.B. Kapazitätsauslastung und Termineinhaltung). Daher ist die Durchführung mehrerer alternativer Planungsläufe und deren Vergleich notwendig. Derzeitige Leitstände unterstützen eine solche Vorgehensweise nicht. Durch situative Eingabe von Planungsparametern seitens des Benutzers können Erfahrungen sowie die momentane Fertigungssituation direkt in die Planungen einfließen. Festgeschriebene Planungsvorgehensweisen und eindimensionale Planoptimierungen derzeitiger Leitstände erfüllen weder die Anforderungen einer sinnvollen Planfindung noch einer kompetenzförderlichen Benutzbarkeit.

Gestaltungsempfehlung 4: "Erfahrungswissen des Benutzers über die Bedienung und die Steuerung des Leitstands soll durch Eingriffsmöglichkeiten in die Funktionalität des Leitstands, in den Dialogablauf und in die Art der Informationsdarstellung einfließen, so daß Rahmenbedingungen für eine sichere, transparente und erforschende Bedienung des Leitstands gegeben sind. Dies bedeutet auch, daß die Strukturierung des Leitstands benutzer- und aufgabenangemessen sein soll. (Implizites Erfahrungswissen des Disponenten)"

Für den Disponenten sollen beim Arbeiten mit dem Leitstand Interventionsmöglichkeiten bestehen, so daß ein "Erforschen und Verändern" /99/ des Systemes möglich ist. Eine derartige kompetenzförderliche Erforschbarkeit bedeutet, daß der guten Navigation und Orientierung des Benutzers bei gleichzeitig hoher Wahlfreiheit große Bedeutung zugemessen werden soll.

Gestaltungsempfehlung 5: "Die expliziten Erfahrungen der Werkstattmitarbeiter sollen durch den Disponenten abgebildet werden, indem der Disponent Planungsalternativen und Planungsgrunddaten entsprechend beschreiben und ändern kann. (Explizites Erfahrungswissen der Werkstattmitarbeiter)"

Ebenso wie das explizite Erfahrungswissen des Disponenten über eine sinnvolle Planerstellung, muß er durch geeignete Kommunikation mit den Werkstattmitarbeitern ein realistisches Abbild der Fertigungssituation bei der Planung mit berücksichtigen. So können von der Fertigung gemeldete, aktuelle Auftragsdurchlaufzeiten die Terminplanung deutlich verbessern.

Gestaltungsempfehlung 6: "Die Rahmenbedingungen für die Berücksichtigung von implizitem Erfahrungswissen der Werkstattmitarbeiter sollen durch geeignete Kooperationsmöglichkeiten sollen so gegeben sein,so daß deren Erfahrungswissen in die Tätigkeiten des Disponenten am Leitstand einfließen:kann

- *der Informationsfluß vom Werkstattmitarbeiter zum Leitstand soll durch Berücksichtigung von Planungsalternativen und Planungsgrunddaten sowie durch Aktualisierungshinweise entsprechend den situativen Produktionsmöglichkeiten hergestellt werden.*
- *der Informationsfluß vom Leitstand zu den Werkstattmitarbeitern soll durch umfangreiche Darlegung und Erklärung der Planungen (z.B. Personaleinsatzplanung) begleitet sein."*

Geht die traditionelle Betrachtung des Taylorismus von einer hierarchischen Unterteilung des Fertigungsgeschehens mit geringen Kommunikationserfordernissen aus, so wird heute die Kommunikation zwischen allen Beteiligten des Fertigungsgeschehens als immer bedeutungsvoller betrachtet. Daher soll nunmehr der Disponent zusammen mit der Fertigung einen "optimalen" Auftragsdurchfluß bestimmen und nicht mehr einen abstrakten, realitätsfernen, aber technisch korrekten, "optimalen" Plan erstellen.

Durch eine Verbesserung der Kommunikation wird eine Beteiligung der Werkstattmitarbeiter bei der Fertigungssteuerung erreicht, die somit eine Verbesserung der Planungstransparenz und der Akzeptanz bewirkt.

5.2.3. Spezielle Gestaltungsempfehlungen bzgl. Handlungsflexibilität

Nach der VDI-Richtlinie 5005 richtet sich das Kriterium **Handlungsflexibilität** zum einen an die Benutzer, die noch wenig Systemerfahrung haben und für die der Übergang zum geübten Benutzer unterstützt werden muß, und zum anderen an die Benutzer, die effizient mit dem System umgehen wollen. Durch /100/ liegen allgemeine Betrachtungen über Adaptivität und Adaptierbarkeit von Softwaresystemen als Realisierungen von Handlungsflexibilität vor. Dabei werden jedoch auf der funktionalen Gestaltungsebene nur die Ansätze für Adaptivität durch aktive Hilfesysteme ausgearbeitet, deren Kern in einer automatisierten Ableitung von Dialogveränderungen und Präsentationsauswahl bestehen soll. Der anthropozentrische Ansatz über adaptierbare Systeme durch den Benutzer sieht dabei vor, daß "... der Benutzer selbst aktiv ..." das System "... an seine Bedürfnisse (Eigenschaften, Fähigkeiten) und an seine Arbeitssituation (Arbeitsaufgabe, Arbeitsumgebung) anpassen kann, mit dem Ziel einer optimalen Verwendung des interaktiven DV-Systems durch den Benutzer" /101/.

In Bild 24 sind die unterschiedlichen Anpassungsanforderungen aus der Literatur dargestellt, wobei eine Abschätzung der Bedeutung aufgrund der Häufigkeit und des Anpassungsaufwandes für typische Einsatzfälle erfolgt. Entsprechend der Bewertung wird deutlich, daß die Aufgaben- und Benutzermerkmale die Anpassungsanforderungen stellen. Somit ergeben sich die nachfolgenden Gestaltungsanforderungen.

Die Anpaßbarkeit der Benutzungsoberfläche durch den Benutzer ist daher entsprechend den oben beschriebenen Defiziten zu erweitern. Dabei ist der Offenheit der Aufgaben und dem individuellen, aufgabenbezogenen und situativen Informationsbedarf des Benutzers Rechnung zu tragen.

Gestaltungsempfehlung 7: "Die Vielzahl der möglichen Objektattribute soll bei der Bildschirmdarstellung auf die relevante Objekt- und Attributmenge durch den Benutzer zu reduzieren sein. Unterschiedliche Aufgabenstellungen für die Datendarstellung werden situationsbezogen vom Benutzer bewältigt. Daher sind Funktionen nötig, die eine komfortable Datenreduktion für Darstellungen ermöglichen, wobei die darzustellenden Objekte und Attribute vom Benutzer ausgewählt werden."

Legende: ◔ gering; ◑ mittel; ◕ hoch; ● sehr hoch

	typische Häufigkeit	typischer Aufwand	Bewertung	Quelle
Betriebsspezifische Aspekte				
• Ablauf- und Aufbauorganisation	◔	◔	◔	/3/102/
• Arbeitsplatzumgebung	◑	◔	◔	
• Farbkodierung (Nummerungssystem, Nomenklatur)	◔	◔	◔	
• Wandel der betriebsspezifischen Ablauf- und Aufbauorganisation	◑	◔	◑	/103/
• Wandel der CIM-Systeme	◑	◔	◑	/36/
• Planungs- und Steuerungsphilosophie	◑	◔	◑	/104/
Arbeitswissenschaftliche Aspekte				
Aufgabenmerkmale				
• Häufigkeit (Wiederholrate, Dauer)	◕	◕	◕	/51/
• Belastungsfaktoren (Zeit-/Termindruck)	●	◕	●	/51/
• Offenheit der Teilaufgabenabfolge (situativ)	◕	●	●	/97/105/
• Offenheit des Informationsbedarfs	◕	●	●	/106/
• Wechsel der Arbeitplätze	◑	◕	◑	/35/
• Aufgabenbezogene Modifizierbarkeit	◑	●	●	/107/
Benutzermerkmale				
• Qualifikation (Motivation, Akzeptanz)	◑	●	●	/21/
• Individuelle Gestaltbarkeit	◕	●	◕	/108/109/
• Individuelle Planungsvorgehensweise	◕	◑	●	/109/110/
• Individuelle Arbeitsobjekte	◕	●	●	/37/
Softwaretechnische Aspekte				
• unterschiedliche Softwareplattformen	◔	◔	◔	/111/
• Verfügbarkeit des Rechners	◑	◔	◑	/29/
• Rechendauer für wesentliche Funktionen	◔	◔	◔	/68/

Bild 24: Bewertung der Dringlichkeit von Anpassbarkeit der Benutzungsschnittstelle durch den Benutzer unter Berücksichtigung der typischen Häufigkeit und dem typischen Aufwand

Zumeist übertrifft die Anzahl der dargestellten Daten die vom Benutzer situativ benötigten Daten. Aus der Plantafel kann der Benutzer eine Vielfalt der Informationen ablesen. Beispielsweise zum Abschätzen der Rüstzeitüberschneidung bei 3 speziellen Maschinen sollte es möglich sein, zum einen nur diese 3 Maschinen auf der Plantafel darzustellen (und nicht immer alle) und zum anderen nur speziell die situativ interessierenden Rüstzeitanteile (zu Neben- und zu Hauptzeiten) hervorzuheben und die anderen nicht interessierenden Zeitanteile der Arbeitsgänge auszublenden. Sind derartige Reduktionen effizient möglich, so können unterschiedliche, auch selten angewandte Fragestellungen benutzergerecht durch den Benutzer mit Hilfe des Leitstands beantwortet werden.

Gestaltungsempfehlung 8: "Eine Festlegung von Bildschirmansichten (Fenster) mit den relevanten Objekten ist notwendig, da insbesondere in der Werkstatt-CIM-Denkweise eine Vielzahl unterschiedlicher Objekte im Leitstand miteinander in Beziehung stehen. Dabei soll die Art der Darstellung und die anzuzeigenden Objekte situationsbezogen vom Benutzer definiert werden, wobei eine Festlegung von häufig verwendeten Sichten als Standardsichten zulässig sein muß. Auch Festschreibungen von Bildschirmansichten, mit jeweiliger Positionierung der unterschiedlichen Fenster und eingestellten Parameter, ist vorzusehen."

Beim Leitstand werden unterschiedliche Objekte bearbeitet, wie z.B. Arbeitsvorgänge, Aufträge, Material, Werkzeuge, Maschinen. Durch eine Makrosprache sollten Datenabfragen über mehrere Objekte hinweg möglich sein, so daß beispielsweise situativ mögliche Ersatzmaschinen gefunden werden können: "Zeige alle Maschinen, die den Arbeitsgang XY mit dem CNC-Programm YZ in Halle XYZ ausführen können". Wiederholt verwendete Sichten, wie beispielsweise Plantafel mit Rüstzeiten für eine spezielle Gruppe von Maschinen, sollte als Standardsichten vom Benutzer definiert und verändert werden können.

Gestaltungsempfehlung 9: "Es ist eine Festlegung von alternativen Planungsläufen und Einplanungsvarianten als unterschiedliche Versionen notwendig. Diese Versionen müssen angemessen verwaltbar sein, so daß auch das Zustandekommen der Versionen dokumentierbar ist und die Versionen auch miteinander verglichen werden können."

Gestaltungsempfehlung 10: "In Abhängigkeit vom jeweiligen Benutzer oder als generelle Festlegung müssen Aggregationen und Disaggregationen von Objekten möglich sein, damit der Benutzer eigene Arbeitsobjekte zusammenstellen kann."

Benutzerorientierte Anpaßbarkeit bedeutet hierbei, daß Gruppierungen und Aufsplittungen dieser Objekte durch den Benutzer möglich sein sollten. Bei Aufträgen werden solche Zusammenfassungen und Splittungen oft verwendet, so daß beispielsweise Transporteinheiten (unterschiedliche Aufträge mit gleicher Arbeitsabfolge, siehe Abschnitt 7.3.1) bzw. Splitaufträge entstehen. Die freie Zusammmenstellung nach den Erfordernissen innerhalb des Fertigungsbereiches durch den Benutzer sollte möglich sein.

5.2.4. Spezielle Gestaltungsempfehlungen bzgl. Aufgabenangemessenheit

Entscheidungen sind innerhalb fast jeder Tätigkeit am Leitstand zu treffen. Dabei werden unstrukturierte und strukturierte Tätigkeiten unterschieden /77/. Bei den strukturierten Tätigkeiten sind die Entscheidungen vollständig durch einen vorgegebenen Lösungsweg beschreibbar und Ausgangsbasis und Ziel bekannt. Hierfür können dann "optimale" Lösungen gefunden werden. Dazu gehören einfache Entscheidungen im Sinne von Berechnungen (z.B. Aufsummieren aller verfügbarer Kapazitäten einer Ressource über einen bestimmten Zeitraum) und komplexe Entscheidungen (z.B. Einplanen mehrerer konkurrierender Aufträge). Bei der Fertigungsteuerung lassen sich viele Abläufe von Tätigkeiten nicht derartig vorherbestimmen /112/, so daß "geeignete" Unterstützungsformen für die wenig strukturierten Tätigkeiten angewandt werden müssen.

In Bild 25 sind alle relevanten Unterstützungsarten für den Leitstand klassifiziert (die aktiven Unterstützungsarten lehnen sich an KEEN /113/ an). Die Gestaltungsempfehlungen für eine angemessene Unterstützung untergliedern sich in Abhängigkeit von der Strukturiertheit der Tätigkeiten.

Gestaltungsempfehlung 11: "Angemessene Unterstützung von strukturierten Tätigkeiten am Leitstand soll durch Bereitstellung von weitgehend normativen Unterstützungsformen zur Entlastung des Benutzers erfolgen, wobei der Anwendungsbereich, die Einsatzvoraussetzungen, der Funktionsumfang, die Limitierungen und die Art der Unterstützung dem Benutzer deutlich sein muß."

	Unterstützungsart	Beschreibung der Unterstützungsart	Beispiele der jeweiligen Unterstützungsart bei eingesetzten Leitständen
Passive Unterstützung	keine	Rein manuelle Ausführung der Tätigkeiten ohne systemtechnische Unterstützung	Manuelle Plantafel /7/
	visuell	Darstellung von Informationen in Form von • Meldungen • Masken • Tabellen • Grafiken • Animation	Bei allen Leitständen vorhanden /11/
	inter-aktiv visuell	Informationsdarstellung beinhaltet interaktive Bedien- und Eingriffsmöglichkeiten in • Masken • Tabellen • Grafiken durch den Benutzer.	Bei allen Leitständen ist die Plantafel mit direkt-manipulativen Dialogen interaktiv veränderbar /11/
	Benutzer-generiert	Der Benutzer hat die Möglichkeit, eigenständig die von ihm gewünschte Funktionalität zu definieren (im Rahmen eines vorgegebenen Handlungsspielraums).	Verwendung von Tabellenkalkulationsprogrammen zur Auswertung von Leitstanddaten /114/
Aktive Unterstützung	traditionell	Simulative Bewertung der Konsequenzen von Startbedingungen durch das System im Sinne von ´was wäre, wenn......?´, wobei das Problem der Bestimmung geeigneter Startbedingungen beim Benutzer liegt.	Halbautomatische und automatische Einplanungsmethoden mittels Prioritätsregeln /11/
	erweitert	Zwischenstufe zwischen traditioneller und normativer Unterstützung, wobei das Primat und die Lösungsbeeinflussung des Benutzers berücksichtigt wird.	Expertensystemansatz zur Berücksichtigung von reihenfolgeabhängigen Rüstzeiten /115/
	normativ	Geschlossenes, automatisiertes Finden einer ´optimalen´ Lösung auf der Basis eines formalen Entscheidungsmodells im Sinne von´um die Lösung zu erhalten, müssen folgende Startbedingungen erfüllt sein...´	Belegungsplanungen auf der Basis von genetischen Algorithmen /116/

Bild 25: Klassifizierung von Unterstützungsarten für den Leitstand

Beispielsweise sollten Belegungsalgorithmen (für die Maschinenbelegung mit Aufträgen aus dem Auftragsvorrat) durch automatische Funktionen (normative Unterstützung) bewerkstelligt werden, solange diese Tätigkeiten monoton und ohne sinnhaften Eingriffsmöglichkeiten sind. Durch eine Automatisierung derartiger Funktionen wird eine Entlastung des Benutzers erreicht, so daß sich dieser auf die anspruchsvolleren Tätigkeiten konzentrieren kann.

Die Transparenz über die angebotene Funktionalität des Leitstands ist besonders wichtig, damit der Benutzer zum einen die Funktionalität und die Ergebnisse der Unterstützung akzeptieren und zum anderen zwischen alternativen Unterstützungsarten und Unterstützungsformen entscheiden kann. Ansonsten werden, wie z.B. bei vielen scheinbar komplizierten Belegungsverfahren, die Verfahren nicht in der Betriebspraxis angewandt.

Gestaltungsempfehlung 12: "Angemessene Unterstützung von gering strukturierten Tätigkeiten am Leitstand läßt sich durch Bereitstellung von aktiven und passiven Unterstützungsarten in Form von Beratungs- und Assistenzfunktionen erzielen, die Eingriffsmöglichkeiten des Benutzers in die Entscheidungsprozesse vorsehen. Welche Form der Unterstützung sinnvoll ist, hängt von Aufgabe, Situation und Benutzer ab. Entsprechend der Spezifikation dieser Determinanten sind alternativ bzw. ergänzend unterschiedliche Unterstützungsformen anzubieten."

Die folgenden Unterstützungsarten mit Eingriffsmöglichkeiten sind grundsätzlich geeignet, eine angemessene Unterstützung von gering strukturierten Tätigkeiten zu ermöglichen:

- Visualisierungen mit interaktiven Eingriffsmöglichkeiten, bei denen der Benutzer die dargestellten Daten verändern kann, so daß darauf aufbauende Tätigkeiten diese veränderten Daten verwenden (Werkstatt- Metaphern). Beispielsweise die graphisch interaktive Modifikation von Arbeitsplänen für Verfügbarkeitsprüfungen.
- Benutzergenerierte Unterstützung. Dabei kann der Benutzer die Unterstützung selber generieren, so daß eine der beschriebenen Unterstützungsarten entstehen kann. Innerhalb eines vorgegebenen Baukastens erfolgt die Erstellung einer Unterstützung, jedoch ist dieses Erstellen bisher meist sehr aufwendig, so daß die Aufgabenangemessenheit nur für komplexe oder veränderliche Problemstellungen gegeben ist. Beispielsweise die Auswertung der Leitstandsdaten mittels marktgängiger Tabellenkalkulationsprogramme /114/ oder Datenbankabfragesprachen /115/.
- Erweiterte Unterstützung. Dabei kann der Benutzer seine Vorstellungen, sein Erfahrungswissen und seine Entscheidungen in den rechnergestützten Lösungsprozeß einbringen. Beispielsweise die Verwendung von Expertensystemen, bei denen Erfahrungswissen in aktuellen Entscheidungssituationen, ev. situativ modifiziert, verwendet wird (vgl. Ansätze in /97/,/116/).

In Bild 26 ist eine Empfehlung für eine angemessene Unterstützung der einzelnen Tätigkeiten durch die unterschiedlichen Unterstützungsarten angegeben. Diese Zuordnung ist dabei grundsätzlich unabhängig von den möglichen, unterschiedlichen Bezugsobjekten.

Legende: Eigung zur Unterstützung ■ gut ◩ mittelmäßig □ gering

Tätigkeiten	keine	visualisiert	interaktiv visualisiert	benutzer-generiert	traditionell	erweitert	normativ
Informationsaufnehmend							
● Übernehmen von **Planwerten**	□	◩	◩	◩	□	□	■
● Übernehmen von **Istwerten**	□	◩	◩	◩	□	□	■
● Übernehmen von **Stammdaten**	□	◩	◩	◩	□	□	■
Informierend							
● Mitteilen der **Kapazitätsbelegung**	□	◩	□	□	□	□	■
● Mitteilen der **Kapazitätsbedarf**	□	◩	□	□	□	□	■
● Mitteilen der **Planwerte**	□	◩	□	□	□	□	■
● Mitteilen der **Istwerte**	□	◩	□	□	□	□	■
● Mitteilen der **aggregierte Istwerte**	□	◩	□	□	□	□	■
● weitere **Anfragen** beantworten	□	◩	□	■	□	□	■
Vorbereitend							
● Verändern der **Bewegungsdaten**	□	□	■	□	□	◩	□
● Verändern der **Stammdaten**	□	□	■	□	□	◩	□
● Verändern der **Strukturen**	□	□	■	□	□	◩	□
● Vestlegen der **Planungsparameter**	□	□	■	■	□	◩	□
Planend-rechenhaft							
● Bestimmen der **Auftragszeitfenster**	□	◩	◩	□	□	■	□
● Bestimmen der möglichen **Ressourcen**	□	◩	◩	□	□	■	□
● Bestimmen der **Ressourcenzeitfenster**	□	◩	◩	□	□	■	□
● Bilden der **Auftragsreihenfolge**	□	□	□	■	◩	■	□
● **Terminieren** (nach Planungstrategie)	□	□	□	■	◩	■	□
● Prüfen der **Verfügbarkeit**	□	□	□	■	◩	■	□
Dispositiv-planend							
● Auswählen der **Ressource**	□	□	◩	□	◩	■	□
● Verändern der **Belegungen**	□	□	◩	□	◩	■	□
● Priorisieren von **Objekte**	□	□	■	□	◩	■	□
● Auswählen der **Planungsstrategie**	□	◩	■	□	◩	■	□
● Auswählen von **Arbeitspläne**	□	◩	■	□	□	■	□
● Planen von **Kapazitäten**	□	□	■	□	□	■	□
● Entscheiden über **Reaktionen**	□	□	◩	□	□	■	□
Kontrollierend/prüfend							
● **Plausibilität** der übernommenen Daten	□	◩	◩	◩	□	■	□
● **PPS-Vorgaben** überwachen	□	◩	□	□	□	□	■
● **Auftragssfortschritt** überwachen	□	◩	■	□	□	□	□
● **Planungsvorgaben** (Soll-Ist-Vergleich)	□	◩	□	■	□	■	□
● **Planungsqualität** kontrollieren	□	◩	□	■	□	□	□
● **Auftrags-/AVO-Daten** auswerten	□	◩	□	■	□	□	□
● **Ressourcendaten** auswerten	□	◩	□	■	□	□	□
Anweisend							
● **Arbeitsanweisungen** vergeben	□	□	◩	■	□	■	□
● **Fremdaufträge** vergeben	□	□	◩	■	□	■	□
Kooperierend							
● mit anderen **Leitständen**	□	□	■	■	□	□	□
● mit anderen **Systembenutzern**	□	□	■	■	□	□	□
● mit anderen **Informationssystemen**	□	□	■	■	□	□	□
● mit **ausführenden Stellen**	□	□	■	■	□	□	□
Systembedienung							
● Aufruf von **Funktionen** (Navigation)	□	□	◩	■	□	□	□
● Definieren von **Sichten**	□	□	◩	■	□	□	□

Bild 26: Eignung von verschiedenen Unterstützungsarten für die Tätigkeiten am Leitstand

5.3. Klassen von Benutzerwerkzeugen

Die Klassifizierung der Benutzerwerkzeuge erfolgt aufgrund der Merkmale "Tätigkeitenart" und "Objektbezug". Diese Merkmale sind bereits in Bild 17 dargestellt. Bezüglich der Art und des Umfangs der Überdeckungen (horizontal versus vertikal) in dieser Matrix werden desweiteren singuläre und integrierende Benutzerwerkzeuge unterschieden. Integrierende Benutzerwerkzeuge betrachten dabei immer mehrere Felder, die jeweils ganz oder teilweise abgedeckt werden.

Abgeleitet aus der tätigkeitsorientierten Betrachtungsweise ergibt sich eine weitere, wichtige Klassifizierung. Dabei werden, wie in Bild 27 dargestellt, Bereiche identifiziert, innerhalb derer abgeschlossene Benutzerwerkzeuge sinnvoll sind. Durch die Bearbeitung von Vorgangsketten können somit mehrere Bereiche durch Benutzerwerkzeuge miteinander verbunden werden. Innerhalb eines Bereichs unterstützen diese Benutzerwerkzeuge eine oder mehrere Teiltätigkeiten. Beide Klassifizierungen werden benutzt, da sie sich in ihren Aussagen ergänzen.

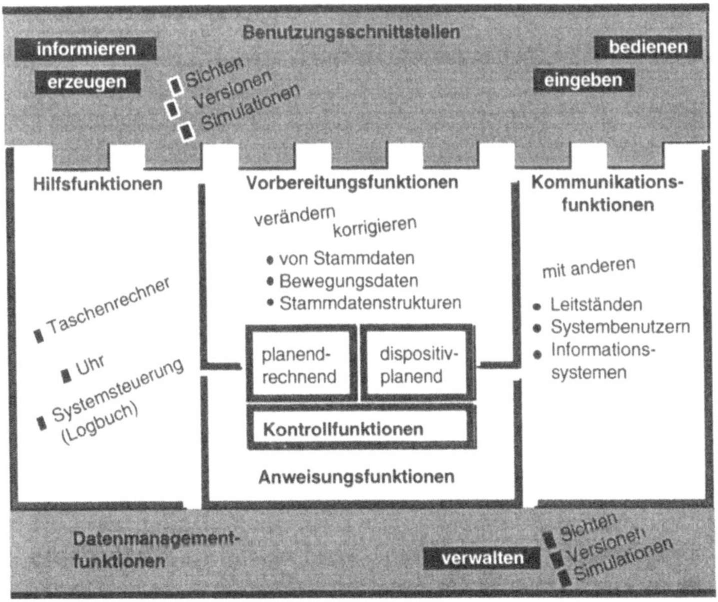

Bild 27: Tätigkeitsorientierte Klassifizierung von Benutzerwerkzeugen

5.3.1. Singuläre Benutzerwerkzeuge

Benutzerwerkzeuge bieten dem Benutzer eine Unterstützung zur Bewältigung seiner Tätigkeiten an. Daher sind interaktive visualisierte, benutzergenerierte und erweiterte Unterstützungen die geeigneten Unterstützungsformen bei Benutzerwerkzeugen. Jede der dabei sinnvollen Unterstützungsformen kann parallel zueinander als Benutzerwerkzeug angeboten werden, so daß der Benutzer die Form der Unterstützung situativ auswählen kann. In Bild 26 sind derartige singuläre Benutzerwerkzeuge aufgeführt (durch hinterlegtes Raster kenntlich gemacht). Wenn dabei die Funktionalität ohne Eingriffsmöglichkeiten des Benutzers realisiert wird, so kann nicht von einem Benutzerwerkzeug gesprochen werden. Daher sind alle Formen der reinen Visualisierung, der reinen Simulation (traditionelle Unterstützung) und der normativen Unterstützung keine Benutzerwerkzeuge. Die Tätigkeitsbereiche für die singulären Benutzerwerkzeuge sind dennoch so weit fortgeschritten, daß Unterscheidungen nach dem Bezugsobjekt und Disaggregationen bzgl. dem Funktionsumfang sinnvoll sind. Dabei sind die in Abschnitt 4.2 beschriebenen Anforderungen zu berücksichtigen.

5.3.2. Integrierende Benutzerwerkzeuge

Die vollständige oder teilweise Abdeckung mehrerer Felder der Matrix erfolgt bei sog. integrierenden Benutzerwerkzeugen. Dabei können 3 Arten unterschieden werden:

- horizontal integrierende Benutzerwerkzeuge, wobei mehrere Objekte durch ein Benutzerwerkzeug betrachtet werden;
- vertikal integrierende Benutzerwerkzeuge, wobei mehrere Tätigkeiten von einem Benutzerwerkzeug abgedeckt werden;
- horizontal und vertikal integrierende Benutzerwerkzeuge als Mischform, wenn mehrere Tätigkeiten und mehrere Objekte gleichzeitig betrachtet werden.

Für die Herleitung von integrierenden Benutzerwerkzeugen ist es notwendig, entsprechende Gestaltungsempfehlungen zu besitzen. Daher sind in den folgenden Abschnitten derartige Gestaltungempfehlungen beschrieben. Zusätzlich stellen die softwaretechnischen, benutzer- und aufgabenorientierten Anforderungen (Abschnitt 4.2.) wichtige Kriterien für die Zusammenlegung bei den integrierenden Benutzerwerkzeugen dar.

6. SPEZIFIKATION VON BENUTZERWERKZEUGEN

6.1. Übersicht über die ausgewählten Benutzerwerkzeuge

Aus der Vielzahl der möglichen Benutzerwerkzeuge werden exemplarisch einige wesentliche Benutzerwerkzeuge nachfolgend dargestellt. Die Auswahl erfolgte dabei unter den Merkmalen:

- Merkmal AK: Abdeckung der unterschiedlichen Klassen von Benutzerwerkzeugen (singuläre versus integrierende);
- Merkmal AF: Darstellung neuartiger, arbeitswissenschaftlich interessanter Funktionalitäten
- Merkmal PR: Verwendung im Prototyp zur Abdeckung der geforderten Funktionalität (Abschnitt 7.3.)

Dabei wurden die Benutzerwerkzeuge für den Bereich der planend- rechenhaften und dispositiv planenden Tätigkeiten nicht näher ausgeführt, da dieser Bereich Gegenstand einer weiteren parallel durchgeführten Forschungsarbeit ist /117/. In Bild 28 sind die ausgewählten Benutzerwerkzeuge mit deren Klassifizierung aufgeführt (und mit Bezug auf die relevanten Auswahlkriterien). Die durch die Benutzerwerkzeuge unterstützten Tätigkeiten sind in Bild 29 dargestellt.

Benutzerwerkzeug mit Bezugsobjekten	Klassifizierung	Auswahl
A. **Plantafel** (Auftrag, AVO, eine Ressource)	horizontal + vertikal integrierend	AK,PR
B. **Arbeitsplan-Editor** (Auftrag, AVO)	vertikal integrierend	AF
C. **Navigator** (alle Objekte)	horizontal integrierend	AK,PR
D. **Auftragsverfolgung** (Boxenprinzip) (Auftrag, AVO)	horizontal + vertikal integrierend	AK,PR
E. **Terminierungsberater** (Auftrag, AVO)	horizontal + vertikal integrierend	AK,AF
F. **Versionenverwalter** (alle Objekte)	horizontal integrierend	AK,PR
G. **Produpost** (alle Objekte)	horizontal + vertikal integrierend	PR
H. **Struktur-Editor** (ein bestimmtes Objekte)	singulär	AK
I. **Planungsberater** (Auftrag oder AVO)	horizontal + vertikal integrierend	PR
J. **Verknüpfungswerkzeug** (Auftrag, AVO)	vertikal integrierend	AK,PR
K. **Sichten-Editor** (ein bestimmtes Objekte)	vertikal integrierend	AK,PR
L. **Auftragssplitter/- zusammenfasser** (Auftrag, AVO)	vertikal integrierend	PR

Bild 28: Übersicht der spezifizierten Benutzerwerkzeuge mit Klassenzuordnung und Auswahlkriteria

Legende: Unterstützung von Tätigkeiten durch Benutzerwerkzeuge ■ stark ■ mittel □ gering

Tätigkeiten	A	B	C	D	E	F	G	H	I	J	K	L
Informationsaufnehmend												
Übernehmen von **Planwerten**	□	□	□	□	□	□	■	□	□	□	□	□
Übernehmen von **Istwerten**	□	□	□	□	□	□	■	□	□	□	□	□
Übernehmen von **Stammdaten**	□	□	□	□	□	□	■	□	□	□	□	□
Informierend												
Mitteilen der **Kapazitätsbelegung**	□	□	■	□	□	□	■	■	□	□	□	□
Mitteilen der **Kapazitätsbedarf**	□	□	■	□	□	□	■	■	□	□	□	□
Mitteilen der **Planwerte**	□	□	■	□	■	□	■	■	□	□	□	□
Mitteilen der **Istwerte**	□	□	■	□	■	□	□	■	□	□	□	□
Mitteilen der **aggregierte Istwerte**	□	□	■	□	□	□	□	■	□	□	□	□
weitere **Anfragen** beantworten	□	□	■	□	□	□	□	□	□	□	□	□
Vorbereitend												
Verändern der **Bewegungsdaten**	□	■	□	□	■	□	□	□	■	□	□	■
Verändern der **Stammdaten**	□	■	□	□	□	□	□	□	■	□	□	■
Verändern der **Strukturen**	□	■	□	□	□	□	□	□	■	□	■	■
Vestlegen der **Planungsparameter**	□	□	□	□	□	□	□	□	■	□	□	■
Planend-rechenhaft												
Bestimmen der **Auftragszeitfenster**	□	■	□	□	□	□	□	□	□	■	□	□
Bestimmen der möglichen **Ressourcen**	■	□	□	□	□	□	□	□	□	■	□	□
Bestimmen der **Ressourcenzeitfenster**	■	□	□	□	□	□	□	□	□	■	□	□
Bilden der **Auftragsreihenfolge**	■	□	□	□	□	□	□	□	□	■	■	□
Terminieren (nach Planungstrategie)	■	□	□	□	■	□	□	□	□	■	□	□
Prüfen der **Verfügbarkeit**	□	□	□	■	□	□	□	□	□	□	□	□
Dispositiv-planend												
Auswählen der **Ressource**	■	□	□	□	□	□	□	□	■	□	□	□
Verändern der **Belegungen**	■	□	□	□	□	□	□	□	■	□	□	□
Priorisieren von **Objekte**	■	□	□	■	□	□	□	□	■	□	□	□
Auswählen der **Planungsstrategie**	□	□	□	□	□	□	□	□	■	□	□	□
Auswählen von **Arbeitspläne**	□	■	□	□	□	□	□	□	■	□	□	□
Planen von **Kapazitäten**	□	□	□	□	□	□	□	□	■	□	□	□
Entscheiden über **Reaktionen**	■	□	□	□	□	□	□	□	■	□	□	□
Kontrollierend/prüfend												
Plausibilität der übernommenen Daten	□	□	□	□	□	□	□	□	□	□	■	□
PPS-Vorgaben überwachen	□	□	□	□	□	□	□	□	□	□	■	□
Auftragssfortschritt überwachen	■	□	□	■	□	□	□	□	□	□	■	□
Planungsvorgaben (Soll-Ist-Vergleich)	■	□	□	□	■	□	□	□	□	□	■	□
Planungsqualität kontrollieren	□	□	□	□	□	□	□	□	■	□	■	□
Auftrags-/AVO-Daten auswerten	□	□	□	□	□	□	□	□	■	□	■	□
Ressourcendaten auswerten	□	□	□	□	□	□	□	□	■	□	■	□
Anweisend												
Arbeitsanweisungen vergeben	□	□	□	□	□	■	■	□	□	□	□	□
Fremdaufträge vergeben	□	□	□	□	□	□	■	□	□	□	□	□
Kooperierend												
mit anderen **Leitständen**	□	□	□	□	□	■	■	□	□	□	□	□
mit anderen **Systembenutzern**	□	□	□	□	□	■	■	□	□	□	□	□
mit anderen **Informationssystemen**	□	□	□	□	□	□	■	□	□	□	□	□
mit **ausführenden Stellen**	□	□	□	□	■	■	■	□	□	□	□	□
Systembedienung												
Aufruf von **Funktionen** (Navigation)	□	□	□	■	□	□	□	□	□	□	□	□
Definieren von **Sichten**	□	□	■	□	□	□	□	□	□	□	□	■

(Spalten A–L: Benutzerwerkzeuge)

Bild 29: Ausmaß der Unterstützung von Tätigkeiten durch die Benutzerwerkzeuge A-L

6.2. Beschreibungsweise der Benutzerwerkzeuge

Die Beschreibungsweise der Benutzerwerkzeuge lehnt sich an die GRAI-Methode /89/ an, bei der Entscheidungssituationen mit einzelnen Entscheidungszellen beschrieben werden. Ein Benutzerwerkzeug ist mit einer solchen Entscheidungszelle vergleichbar. Daher wird das Schema der GRAI-Methode als angemessen übernommen. Die einzelnen Einflüße auf das Benutzerwerkzeug (1) lassen sich wie folgt beschreiben (Bild 30):

- Eingabegröße (2) ist das Objekt, das durch das Benutzerwerkzeug modifiziert (generiert, verändert oder gelöscht) wird.
- Benutzereingaben (3) werden vom Benutzer zur Modifikation oder zur Steuerung des Benutzerwerkzeuges eingegeben.
- Erfahrungswissen (4) des Benutzers soll durch das Benutzerwerkzeug unterstützt werden.
- (Entscheidungs-) Variable (5) ist das Objekt oder das Attribut eines Objektes, die primär durch das Benutzerwerkzeug beeinflußt wird.
- Unterstützungsart (6) beschreibt die Unterstützungsart (vgl. Abschnitt 5.3.4.), die durch das Benutzerwerkzeug zum Einsatz kommt.
- Unterstützungsziel (7) beschreibt das aufgabenorientierte Ziel der Unterstützung durch das Benutzerwerkzeug.
- Ausgangsgröße (8) ist das Ergebnis, das sich nach der Benutzung des Werkzeuges ergibt.

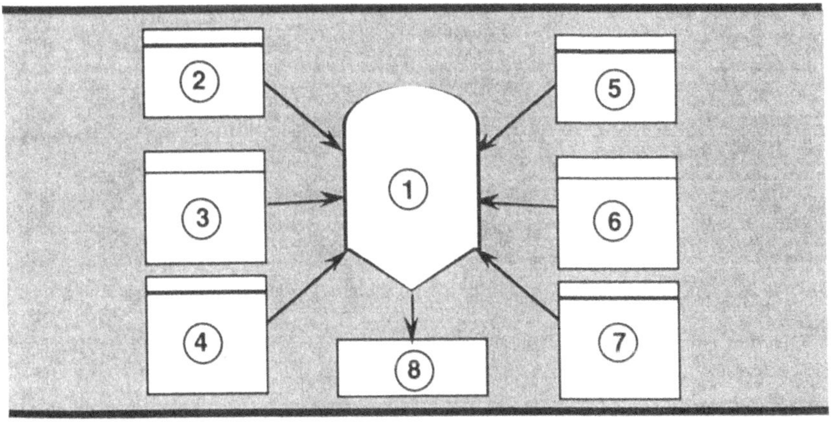

Bild 30: Standardisierte Beschreibungsweise für Benutzerwerkzeuge

6.3. Darstellungen einzelner Benutzerwerkzeuge

6.3.1. Plantafel

Die Plantafel (Bild 31) stellt das zentrale Visualisierungs- und Interaktionselement für den Leitstand in Form eines Gantt-Diagrammes dar. Auf der Plantafel wird ersichtlich, welcher AVO wann welcher Ressource zugeordnet ist bzw. welche zeitlichen Zuordnungen zwischen Ressourcen bestehen. Arbeitsvorgänge sind entsprechend dem Aggregationsniveau Aufträge bzw. Arbeitsgänge. Die AVOs selber sind dabei unterteilt in einzelne Zeitanteile (z.B. Rüsten vor Bearbeitung, Bearbeitung, Rüsten nach Bearbeitung). Ressourcen (jeweils in unterschiedlichen Aggregationen) können hierbei Maschinen, Arbeitsplätze, Personen, Werkzeuge, NC-Programme sein. In Bild 32 sind die Funktionen und Benutzeroperationen für die Plantafel aufgeführt. Die Objekte umfassen dabei neben den funktionalen Grundobjekten (Elementarobjekte) auch typische Anwendungsobjekte (logische Objekte) sowie typische Bedienungsobjekte an der Benutzungsoberfläche).

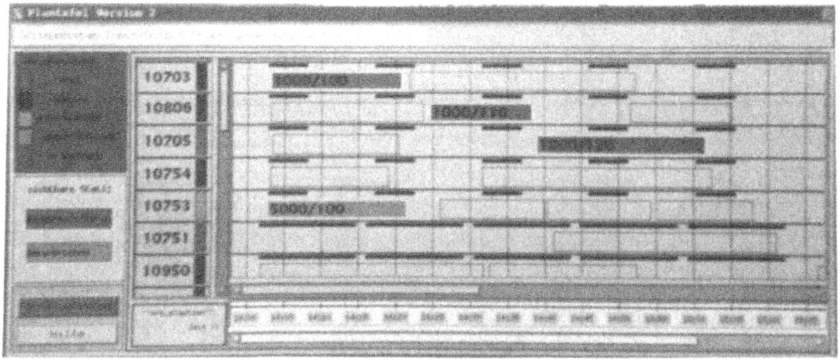

Bild 31: Benutzungsoberfläche einer Plantafel

Legende:
□ Funktion bzw. Operation ist nicht auf das Objekt anwendbar ist
■ Funktion bzw. Operation ist auf das Objekt anwendbar

	Grundobjekte				Erweiterte Objekte			Benutzungsobjekte		
	Auftrag: Vorgaben	Auftrag: Planwerte	Auftrag: Istwerte	Ressourcen	Vorgänger/Nachfolger	Fabrikkalender	Schichtplan	Planungszeitraum	Darstellungszeitraum	Tabulatorlinien
Funktionen										
• Einplanen	□	■	□	■	□	□	□	□	□	□
• Umplanen	□	■	□	□	□	□	□	□	□	□
• Ausplanen	■	■	□	■	□	□	□	□	□	□
• Splitten	□	■	□	□	□	□	□	□	□	□
• Erzeugen	□	■	□	■	□	□	■	■	□	■
• Löschen	□	■	□	■	□	□	■	■	□	■
• Modifizieren	■	■	■	■	■	□	■	■	■	□
Operationen										
• Zoomen	□	□	□	□	□	□	□	■	■	■
• Scrollen	□	□	□	□	□	□	□	□	■	■
• Anzeigen	■	■	■	□	■	■	■	■	□	□
• Draggen (Ziehen)	■	■	□	□	■	□	□	□	□	□
• Positionieren	■	■	□	■	■	□	□	■	□	□
• Selektieren	■	■	■	□	■	■	■	■	■	□

Bild 32: Funktionen und Benutzeroperationen an der Plantafel

In Bild 33 ist das Benutzerwerkzeug Plantafel nach der standardisierten Beschreibungsweise für Benutzerwerkzeuge spezifiziert.

6.3.2. Arbeitsplan-Editor

Der Arbeitsplan-Editor erlaubt eine situative Anpassung eines vorgegebenen Arbeitsplans (auch eines Rahmen- oder Strukturarbeitsplans). Auf eine Zuordnung zu Ressourcen (Werkzeuge, NC-Programme, Maschinen, Teile, Arbeitsplätze, Mitarbeiter) und eine Festlegung/Modifikation der vorgegebenen Zeiten konzentrieren sich die Änderungen im Arbeitsplan. Es wird ermöglicht, daß die Sequenz der einzelnen AVOs umgestellt wird. Das Hinzufügen/Herausnehmen einzelner AVOs ist möglich. Alternative AVOs können ebenso Verwendung finden. Eine Vielzahl von Gründen macht es notwendig, daß im Leitstand die Arbeitsplanvorgaben veränderbar sein sollten (Bild 34).

Die Arbeitsplanerstellung wird üblicherweise zentral in der Arbeitsvorbereitung nach Abschluß der Konstruktion erstellt.

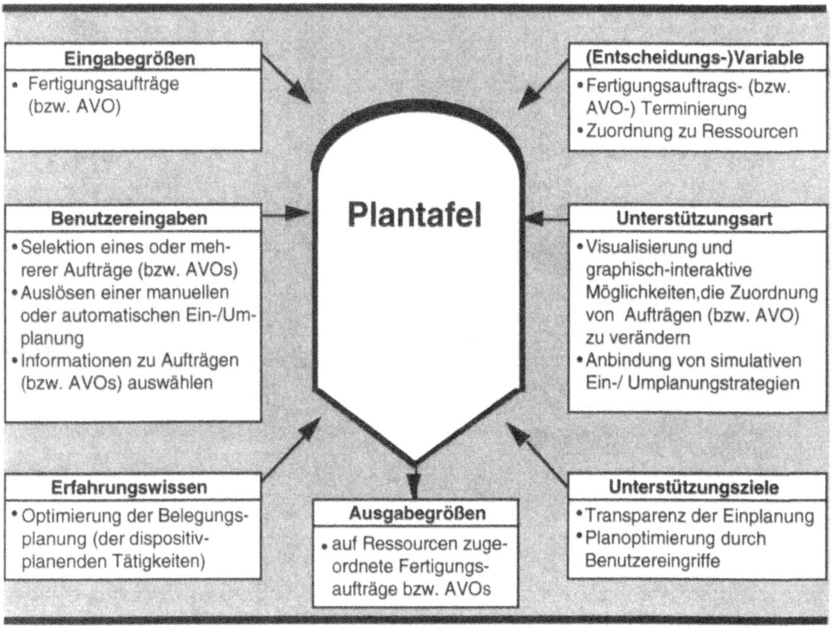

Bild 33: Spezifikation des Benutzerwerkzeuges "Plantafel"

Laufende Modifikationen dieser Vorgaben sind jedoch notwendig. Erkenntisse aus der betrieblichen Praxis /28/,/73/ zeigen, daß diese laufenden Modifikationen in der zentralen Arbeitsvorbereitung nicht erfolgen, so daß bereits die Planungsgrundlagen für den Leitstand nicht stimmig und nicht aktuell sind.

Dies führt für das Personal im Werkstattbereich zu deutlichen Belastungen. Die Mitarbeiter müssen die Vorgaben von Hand korrigieren und in scheinbar ausführbare Planungen für die Auftragsabarbeitung umsetzen, wodurch eine "Schattenwirtschaft" zum zentralen PPS-System entsteht. Hierbei werden oft zusätzliche Aktivitäten erforderlich, um mit den mangelhaften Planungsvorgaben zurechtzukommen und um Strategien für durchführbare Arbeitsabläufe zu entwickeln. Benutzergerechte Gestaltung heißt somit, das Arbeitssystem in der Weise zu gestalten, daß der Arbeitsplan lokal am Leitstand situativ verändert werden kann. Im Arbeitsplan-Editor kann der Benutzer die Vorgabewerte im Arbeitsplan manuell sehr leicht verändern und Reihenfolgen der AVOs situativ anpassen.

Legende: ● stark ◐ mittel ○ gering

Planungsvorgaben	Gründe für die Modifizierung von Planungsvorgaben: Optimierung der AVO-Reihenfolge eines Auftrags	Optimierung der AVO Reihenfolge mehrerer Aufträge	Veränderte Maße (Variante) des Teils	Wahl einer anderen Maschine	Veränderte Leistung der Maschine	Wahl eines anderen Materials	Veränderte Qualität des Materials bzw. Vorproduktes	Wahl einer anderen Lohngruppe	Veränderte Leistung der Mitarbeiter	Auftragsbestand in der Fertigung	Verwendung von unterschiedlichen Algorithmen	Simulation verschiedener Arbeitsplan-Alternativen	Priorisierung in der Auftragsreihenfolge
Struktur des Arbeitsplanes	●	●	○	○	○	○	○	○	○	●	○	●	○
Löschen von AVO	○	●	○	○	○	○	○	○	○	○	○	○	○
Neuanlegen von AVOs	○	●	◐	○	○	○	○	○	○	○	○	○	○
Zusammenfassen von AVOs	●	●	◐	○	○	○	○	○	○	○	○	◐	○
Verwenden e. mehrdeutiger Arbeitsplan	◐	◐	◐	○	○	○	○	○	○	○	●	●	○
Neuanlegen eines Arbeitsplanes	○	●	●	○	○	●	○	○	○	○	○	○	○
Verändern der Vorgabezeiten "Rüsten"	◐	●	●	◐	○	○	●	◐	●	○	◐	○	●
Verändern d. Vorgabezeiten "Bearbeiten"	◐	●	●	◐	●	●	●	◐	●	○	○	○	○
Verändern der Maschinenzuordnung	◐	●	◐	●	●	◐	○	○	○	○	○	○	●
Mehrdeutige Maschinenzuordnung	○	○	◐	●	◐	●	○	○	○	○	●	●	○
Zuordnung Lohngruppe/Mitarbeiter	●	●	○	◐	○	◐	○	●	○	○	○	◐	○
Auftrags- / AVO Plandurchlaufzeiten	●	●	●	◐	◐	◐	◐	◐	●	●	○	◐	●

Bild 34: Gründe für eine lokale Modifizierung von Planungsvorgaben durch Werkstattmitarbeiter und Disponenten

Die Modifikationen können dabei allgemeingültig sein (etwa Rüstzeitveränderungen aufgrund von Farbwechsel) oder nur für einen gewissen Zeitraum gelten (zum Beispiel Bearbeitungszeiterhöhung um 30 Prozent bei anderem Material). Die Benutzungsoberfläche unterstützt solche Vorgänge. Wenn diese Modifikationen nur durch umständliche "Tricks" möglich sind, werden solche sinnhaften Veränderungen in der Praxis nicht am Leitstand, sondern nur auf Notizzetteln ausgeführt, wodurch viele Fehlermöglichkeiten entstehen und Erfahrungswerte nicht übertragbar sind. In Bild 35 ist der Regelkreis der Arbeitsplanmodifikation dargestellt. In Bild 36 ist das Benutzerwerkzeuge Arbeitsplan-Editor spezifiziert.

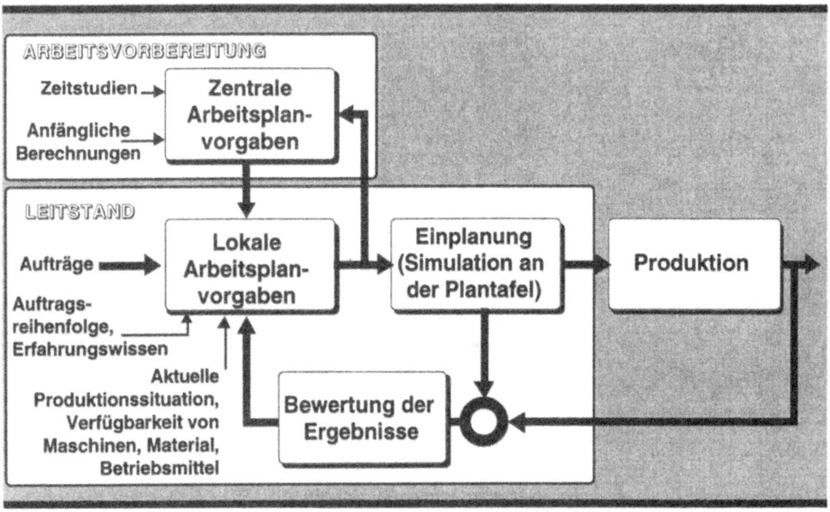

Bild 35: Auftragsregelkreis mit lokalen Modifizierbarkeit der Arbeitsplanvorgaben

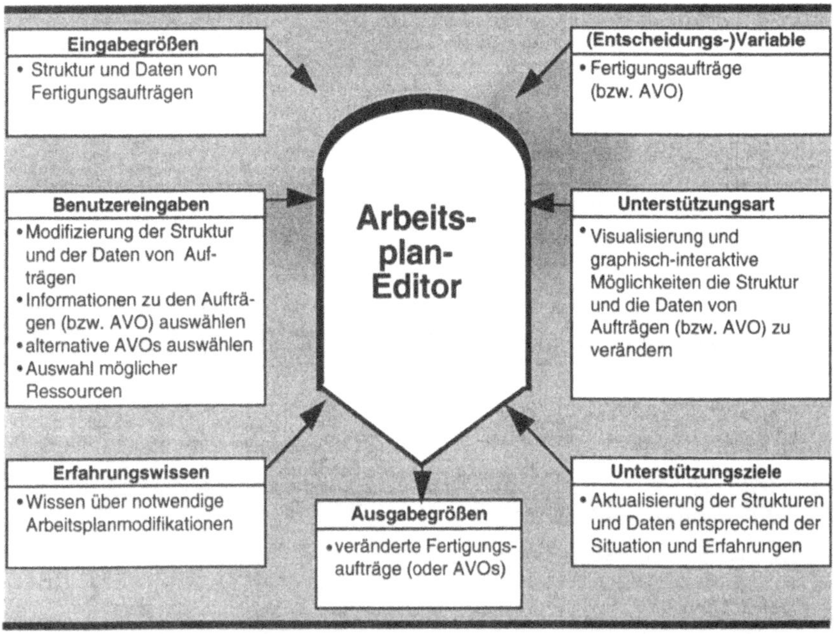

Bild 36: Spezifikation des Benutzerwerkzeuges "Arbeitsplan-Editor"

6.3.3. Navigator

Der Navigator ist ein Benutzerwerkzeug für die Definition von Benutzersichten (auf die Daten) und für die Einstellung von Anzeigeparametern. Er erlaubt dem Benutzer zwischen den verschiedenen Sichten (Fenstern) seines Leitstands zu navigieren. Der Navigator setzt das Objektprinzip für den Leitstand um, so daß er durch Selektion von Objektklassen bzw. Objekten das Informationsangebot des Leitstands seinem Informationsbedarf anpassen kann. In Bild 37 ist der Navigator abgebildet.

Als Objekte sind dabei alle Auftragsarten und alle Ressourcenarten sowie die Zeit möglich. Die Zeit ist aufgrund ihrer engen Beziehung zu den anderen Leitstandsgrößen ein wesentliches Objekt für den Navigator. Die Plantafel stellt z.B. die Datenverknüpfung zwischen AVOs, Maschinen und der Zeit dar. In Bild 38 ist der Navigator spezifiziert.

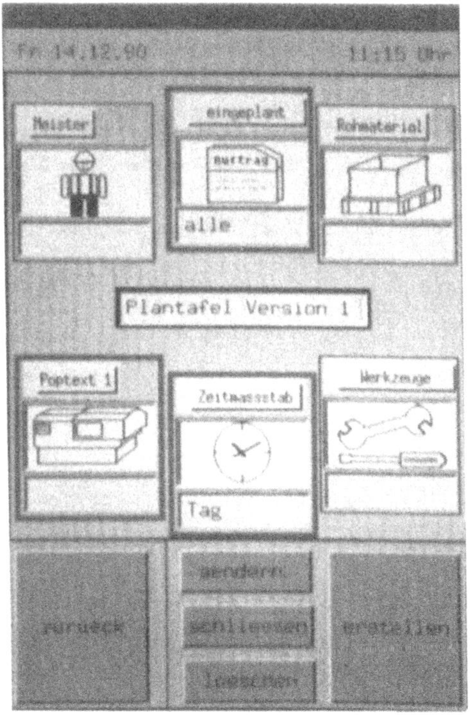

Bild 37: Bildschirmkopie des Benutzerwerkzeuges "Navigator"

Die Vielzahl der möglichen Sichten am Leitstand macht ein solches flexibles Werkzeug erforderlich, damit der Benutzer sich zusammenstellen kann, welche Daten er in welcher Form (Detailliertheit, Darstellungsform) dargeboten haben will. Durch die entsprechende Auswahl können auch Funktionen der Zugriffsregelung auf Datenbestände abgeleitet werden (Sperren von Daten in der Datenbank für andere Datenbankbenutzer). Der Navigator unterstützt dabei sowohl standardisierte Darstellungsformen in Form von benutzerdefinierten, häufig verwendeten Sichten (z.B. gewisse Plantafelsichten) als auch situativ definierte, besondere Sichten. Der Navigator kann das zentrale Dialogelement sein, von dem aus der Benutzer die Mehrzahl seiner Dialogoperationen steuern kann (z.B. Aufrufen oder Wechseln von Fenstern). Durch die direkt manipulative Dialogtechnik kann der Benutzer sich seine darzustellenden Objekte auswählen und die Darstellungsform sowie die Detailliertheit festlegen. Durch eine hierarchische Strukturierung der Objekte mit Klassenbildung können die gewünschten Objekte leicht herausgefunden werden. Häufig verwendete Sichten werden über die zentrale Box aufgerufen, die als Popup Menü alle definierten (Standard-) Sichten beinhaltet.

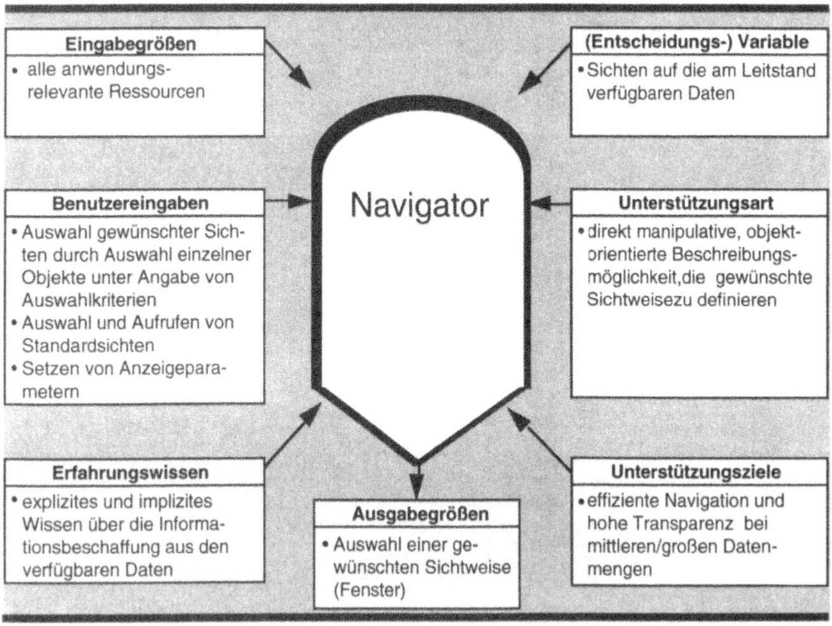

Bild 38: Spezifikation des Benutzerwerkzeuges "Navigator"

Selektionsmöglichkeiten	Fensteraufruf
Selektion 1: Bereich "Auftrag" Auftrags-Klasse := "eingeplant"; Bereich "Zeit" Zeit-Klasse := "Zeitmaßstab"; Bereich "Maschine" plus Eingabe des Fensternamens im Editfeld plus Pushbutton "erstellen"	Plantafel
Selektion 2: Doppelklick auf Auftrags-Ikone Auftrags-Klasse:= "nicht eingeplant"	Auftragsvorrat
Selektion 3: Doppelklick auf Auftrags-Ikone Auftrags-Klasse:= "alle Aufträge"	Auftragsverfolgung
Selektion 4: Doppelklick auf Auftrags-Ikone Transporteinheit-Nummer im Edittext	Transporteinheit-Informationen
Selektion 5: Doppelklick auf Auftrags-Ikone Arbeitsgang-Nummer einer Transporteinheit im Edittext	AVO-Informationen zu Transporteinheit
Selektion 6: Doppelklick auf Auftrags-Ikone Auftrags-Nummer im Edittext	Auftrags-Informationen
Selektion 7: Doppelklick auf Auftrags-Ikone AVO-Nummer im Edittext	AVO-Informationen
Selektion 8: Bereich "Zeit"; Bereich "Auftrag" Auftrags-Nummer im Edittext plus Pushbutton "erstellen"	Arbeitsplan Auftrag
Selektion 9: Bereich "Zeit" Zeit-Klasse :="Schichtplan"; Bereich "Maschine"; Bereich "Mitarbeiter" plus Pushbutton "erstellen"	Arbeitsplatzbelegung
Selektion 10: Bereich "Zeit" Zeit-Klasse :="Schichtplan"; Bereich "Mitarbeiter" ; Mitarbeiter-Klasse := "Werker" Mitarbeitername im Edittext plus Pushbutton "erstellen"	Arbeitsplan Mitarbeiter
Selektion 11: Bereich "Zeit" Zeit-Klasse :="Schichtplan"; Bereich "Mitarbeiter"; Bereich "Maschine" ; Maschinenname im Edittext plus Pushbutton "erstellen"	Arbeitsplan Maschine
Selektion 12: Doppelklick auf Auftrags-Ikone Auftrags-Klasse := "eingeplant"	Auswahl Auftrag
Selektion 13: Doppelklick auf Material-Ikone Material-Klasse := "Rohlinge"	Auswahl Rohlinge
Selektion 14: Doppelklick auf Werkzeug-Ikone Werkzeug-Klasse := "Werkzeug"	Auswahl Werkzeug
Selektion 15: Doppelklick auf Zeit-Ikone Zeit-Klasse := "Zeitmaßstab"	Auswahl Zeitmaßstab
Selektion 16: Doppelklick auf Zeit-Ikone Zeit-Klasse := "Kalender"	Auswahl Kalender
Selektion 17: Doppelklick auf Maschine-Ikone Maschinen-Klasse := "Maschinen Typ A"	Auswahl Maschinen des Typs A
Selektion 18: Doppelklick auf Mitarbeiter-Ikone Mitarbeiter-Klasse := "Werker"	Auswahl Werker
Selektion 19: Doppelklick auf Mitarbeiter-Ikone Mitarbeiter-Klasse := "Werker" Mitarbeitername im Edittext	ausgewählter Mitarbeiter
Selektion 20: Doppelklick auf Mitarbeiter-Ikone Mitarbeiter-Klasse := "Meister"	Meister
Selektion 21: Bereich "Zeit" Zeit-Klasse := "Schichtplan"; Bereich "Maschine" Maschinennummer im Edittext plus Pushbutton "erstellen"	Schichtplan
Selektion 22: Bereich "Zeit" Zeit-Klasse := "Schichtplan"; Bereich "Maschine" Maschinennummer im Edittext plus Pushbutton "erstellen"	Schichtplan Maschine
Selektion 23: Bereich "Zeit" Zeit-Klasse := "Schichtmodel"; Bereich "Maschine" plus Pushbutton "erstellen"	Schichtmodel allgemein
Selektion 24: Bereich "Zeit" Zeit-Klasse := "Schichtmodel"; Bereich "Maschine" Maschinennummer im Edittext plus Pushbutton "erstellen"	Schichtmodel einer Maschine
Selektion 26: Bereich "Maschine" Maschinennummer im Edittext	Maschinendaten
Selektion 27: ungültige Selektion	Warnung

Bild 39: Selektionsmöglichkeiten im Navigator zum Aufrufen der unterschiedlichen Fenster

Jede Objektart ist im Navigator durch eine Ikone symbolisiert. Je nach Arbeitsaufgabe benötigt der Benutzer Informationen aus einer bestimmten Kombination von Objekten. Die Auswahl der Objektart erfolgt durch Mausklick auf die Ikone.

Zur Verfeinerung innerhalb der Bereiche werden einzelne Unterklassen unterschieden, z.B. "eingeplante Aufträge" oder "nicht eingeplante Aufträge" (im ersten Fall wird die Plantafel, im zweiten Fall wird der Arbeitsvorrat angezeigt). Die Einstellung der Unterklassen erfolgt über Popup-Menus, die mit der rechten Maustaste über die jeweilige Ikone angesprochen werden können.

In Bild 39 sind die Selektionsmöglichkeit beim FIKS-Leitstand (vgl. Anhang C) aufgeführt, wobei die Benutzereingaben bei den einzelnen Selektionen durch Semikolon getrennt sind. Daraus wird deutlich, daß durch Selektionskombinatorik und Benutzereingaben eine Vielzahl unterschiedlicher Sichten einfach erreicht werden kann.

6.3.4. Auftragsverfolgung nach dem Boxenprinzip

Beim Boxenprinzip werden Objekte entsprechend einem bestimmten, gewählten Attributwert einem von mehreren Fenstern zugeordnet und dargestellt. Diese Darstellung wird z.B. für strukturierte Darstellungen von Aufträgen eingesetzt. In Abhängigkeit vom Status der Aufträge (z.B. uneingeplant, eingeplant, Material bereitgestellt, in Transport, in Arbeit, geprüft, fertig, etc.) werden die Aufträge verschiedenen Statusfenstern zugeordnet. Diese Darstellung ermöglicht, zusammen mit der Ordnung der vorhandenen Aufträge (nach Priorität, Verzug, Starttermin, Endtermin, Alphabet, Produktionszeit, Rüstzeit, Restbearbeitungszeit, etc.), eine geeignete Datenaufbereitung für die Leitstandsanwendung. Durch Verschiebeoperationen zwischen den Fenstern kann eine Koppelung mit Verarbeitungsoperationen (z.B. Verändern der Auftragspriorität, Prüfung der Verfügbarkeit) erfolgen. Entsprechend dem gewählten Ordnungskriterium kann auch eine ikonische Darstellung erfolgen. Das Boxenprinzip ist aus der traditionellen Wandtafel und den Hängetaschenordnern /118/ abgeleitet. Dabei verfolgte man den Auftragsstatus über die Schieber an den Hängetaschenordnern und die AVO- bzw. Arbeitsgangverfolgung an der Plantafel und den Werksverteilern mit Statusbereichen für die Steckkarten. In Bild 40 ist das Boxenprinzip im Leitstand dargestellt, wobei Aufträge und Arbeitsvorgänge (AVOs) gleichermaßen verfolgt werden.

Mit Hilfe eines State-Transition-Diagramms sind in Bild 41 die Dialogabhängigkeiten bei diesem Benutzerwerkzeug dargestellt. Dabei unterscheidet man Kreise (Zustand = State) und Pfeile (Übergang = Transition). Unter Zustand versteht man in diesem Fall den Auftragsstatus. Übergänge sind hier zum einen Tätigkeiten, die bei einem Auftragsstatus ausgeführt werden, oder Aktionen, die den Wechsel von einem Zustand zu einem weiteren Zustand auslösen. Zur Bewältigung der Aufgaben der jeweiligen Zustände können ein oder mehrere Werkzeuge verwendet werden (z.B. AG einplanen: Plantafel, AG splitten: Plantafel und Splittfenster).

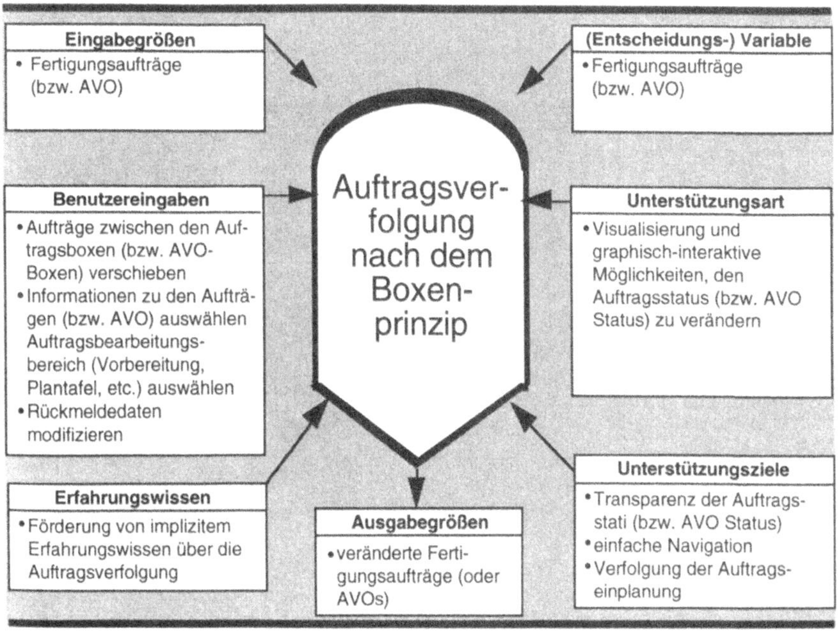

Bild 40: Spezifikation des Benutzerwerkzeuges "Auftragsverfolgung nach dem Boxenprinzip"

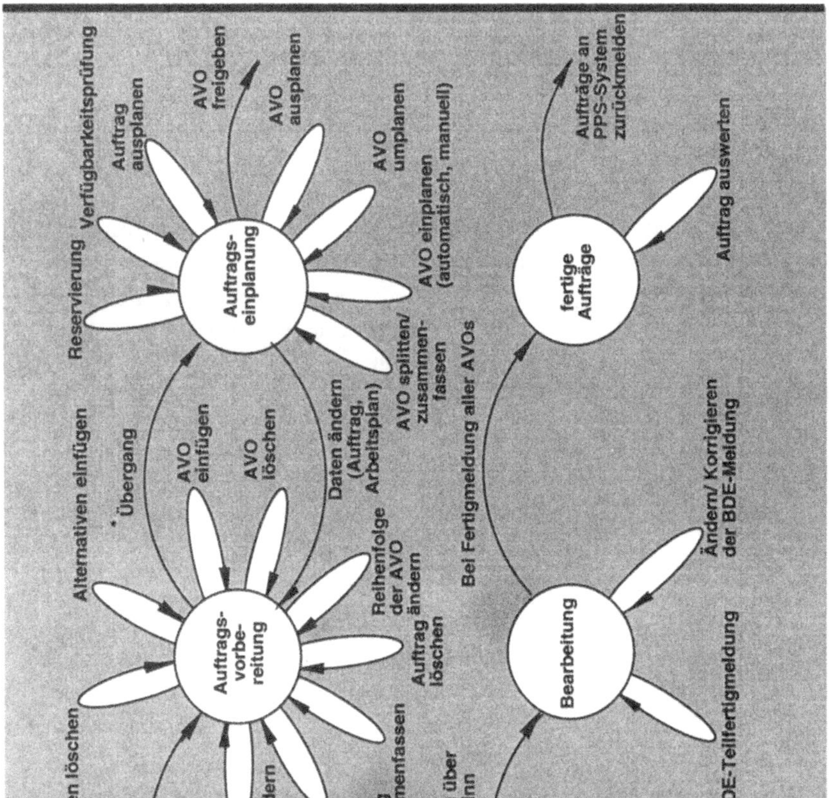

Bild 41: State-Transition Diagramm für die Auftragsverfolgung

6.3.5. Terminierungsberater

Der Terminierungsberater ist ein Berater für die Vorbereitung der Planung, indem er Unterstützung bei der Auswahl und Festsetzung von Planungsgrunddaten anbietet. Im Terminierungsberater werden somit die Erfahrungswerte über die Verwendung von Vorgabewerten für den Arbeitsplan gepflegt und angezeigt. Bild 42 zeigt die Benutzungsoberfläche eines Terminierungsberaters für die Terminierung von Bauserien komplexer, elektronischer Meßgeräte, wobei das Erfahrungswissen über die Durchlaufzeiten (Minimal-, Normal, Maximalwert) aufgeführt ist und der Benutzer aufgrund der aktuellen Planungssituation die entsprechenden Planwerte festlegen kann. In Bild 43 ist ein allgemeiner Terminierungberater spezifiziert.

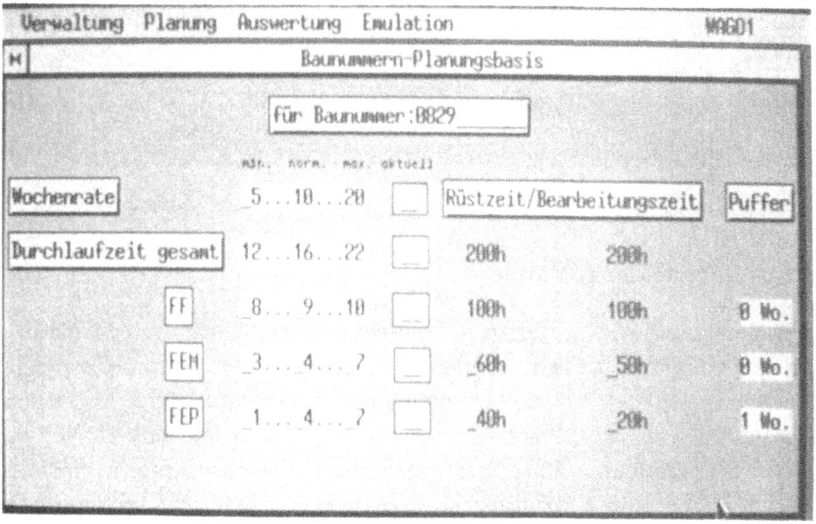

Bild 42: Benutzungsoberfläche eines Terminierungsberater für Bauserien komplexer, elektronischer Meßgeräte

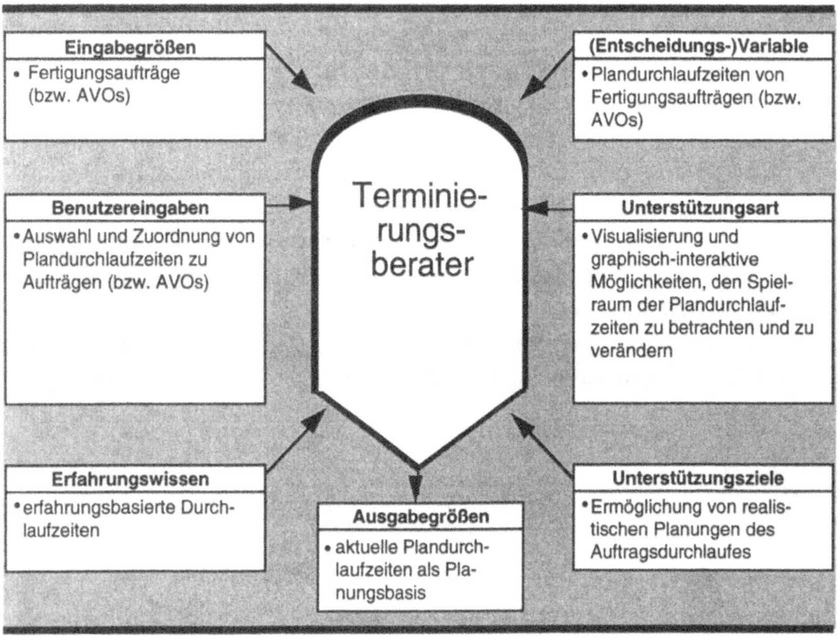

Bild 43: Spezifikation des Benutzerwerkzeuges "Terminierungsberater"

6.3.6. Versionenverwalter

Der Versionenverwalter erlaubt unterschiedliche Versionen von Planungen zu erstellen, zu benennen und aufzurufen. Der Versionenverwalter kann auf unterschiedliche Leitstandsvisualisierungsobjekte angewandt werden (Arbeitspläne, Plantafeln, etc.) und ist damit fensterabhängig und nicht übergreifend. Beim Versionenverwalter werden unterschiedliche Zuordnungen zum Verwaltungsstatus gepflegt: Version im Leitstand; aktuelle Planungsversion; Planungsversion 1, 2, 3, 4; Standardplanungsversion. Ähnlich dem Boxenprinzip kann eine Version zwischen dem Status verändert werden, so daß entsprechende Konsequenzen an dieser Version vollzogen werden. In Bild 44 ist der Versionenverwalter spezifiziert.

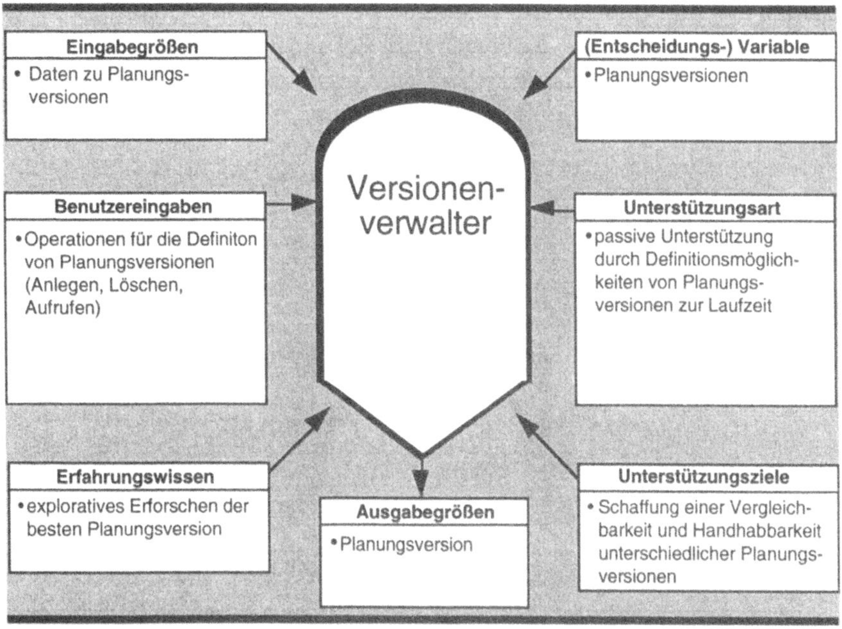

Bild 44: Spezifikation des Benutzerwerkzeuges "Versionenverwalter"

6.3.7. "Produpost"

Die Produpost ist ein "electronic mailing" System, das auf die Bedürfnisse in der Werkstatt zugeschnitten ist. Produpost ermöglicht eine zusätzliche Kommunikation zwischen dem Leitstandbenutzer und

- Benutzern von übergeordneten Planungssystemen (z.B. PPS-Benutzer in der Arbeitsvorbereitung) über Auftragsdurchlauf und Planungsgrunddaten (z.B. Arbeitsplanänderungen).
- Mitarbeitern in anderen Unternehmensbereichen (Konstruktion, Lagerwesen, etc.) über Auftragsdurchlauf (z.B. Ergebnisse von physischen Verfügbarkeitsprüfungen) und Planungsgrunddaten (z.B. Verbesserungsvorschläge für Konstruktion).
- Benutzern von anderen Leitständen (hierarchisch-gleichgesetzte, bzw. - untergeordnete Leitstände).
- Mitarbeitern in der Fertigung über Informationsanfragen, situative Gegebenheiten und Erfahrungswissen.

Die Kommunikation soll dabei multi-medial erfolgen, um die für die Fertigung wichtige bildliche Darstellung zu unterstützen (durch Videobilder) und um den Bedienungsaufwand zu minimieren (durch Audionachrichten) /118/. In Bild 45 ist die Produpost spezifiziert.

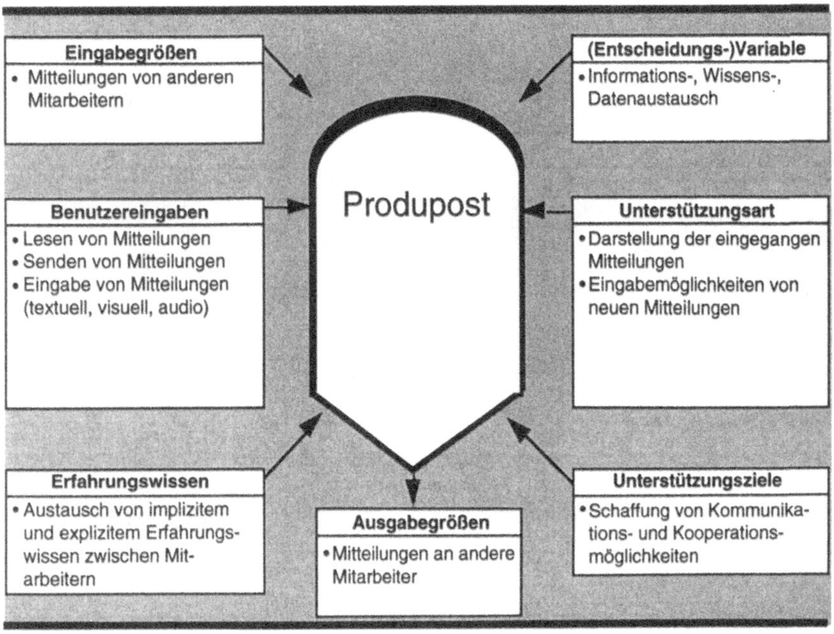

Bild 45: Spezifikation des Benutzerwerkzeuges "Produpost"

6.3.8. Struktur-Editor

Mit Hilfe des Struktur-Editors (in Bild 46 ist der Struktur-Editor spezifiziert) werden Strukturen von Ressourcen dargestellt. Dies kann beispielsweise eine Anlagenstruktur, eine Werkstattstruktur, Strukturen von Maschinen innerhalb einer Maschinengruppe, einer Stückliste, Entsorgungsprodukte zu einem Herstellprodukt, Nebenproduktverwendung, benötigte Werkzeuge für eine Maschine bzw. Auftrag sein. Die Struktur kann linear, baum- oder netzartig sein. An dieser Struktur können kritische bzw. wichtige Pfade markiert werden. Das Ergebnis einer solchen Markierung wird dann in anderen Programmen verwendbar sein. Beispielsweise können die Einsatzstoffe markiert werden, für welche eine Verfügbarkeitsprüfung durchgeführt werden soll. Die Darstellung von

Strukturen ist für den Leitstand wichtig. Die Betrachtung von kritischen Pfaden stellt eine deutliche Erweiterung der Funktionalität dar, was sehr stark kompetenznutzend und -förderlich ist. Erfahrungswissen kann auf diese Art und Weise eingegeben und gepflegt werden.

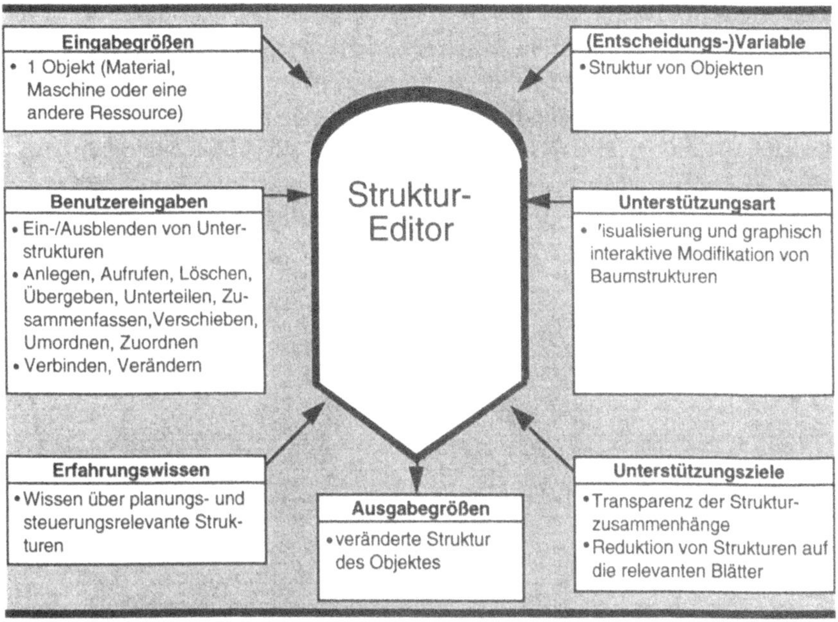

Bild 46: Spezifikation des Benutzerwerkzeuges "Struktur-Editor"

Merkmale des Struktureditor	**Ressourcen** ■ **Betriebsmittel, wie z.B. Maschinen, Anlagen** ■ **Material, wie z.B. Produkte, Produktstrukturen, Produktkomplexe** **Art der Strukturen** ■ **lineare Strukturen** (linearer Arbeitsplan, Maschinenverkettung) ■ **baumartige Strukturen** (Einsatzstoffe zu Endprodukt, Maschinenelementn) ■ **netzartige Strukturen** (mehrdeutiger Arbeitsplan, Vorranggraphen)	
Benutzeroperationen am Struktureditor	■ **Ein-/ Ausblenden** von Unterstrukturen ■ **Anlegen, Aufrufen, Löschen, Übergeben** von Strukturen ■ **Unterteilen, Zusammenfassen** von Strukturkomponenten ■ **Verschieben/ Umordnen**	■ **Zuordnen** ■ **Verbinden** von Strukturelementen ■ **Verändern** von Werte/ Parametern von Strukturelementen

Bild 47: Merkmale und Benutzeroperationen am Struktur-Editor

6.3.9. Verknüpfungswerkzeug

Mit Hilfe des Verknüpfungswerkzeuges werden zeitliche Abhängigkeiten zwischen verschiedenen Auftragsobjekten in der Plantafel definiert. Diese Abhängigkeiten lassen sich sowohl zwischen Arbeitsgängen wie auch zwischen Aufträgen oder Serien definieren. Zielsetzung ist es, zum einen für den Einplanungsalgorithmus, diese, bisher sonst wenig beschriebenen Abhängigkeiten zu berücksichtigen und zum anderen, bei der graphischen Darstellung an der Plantafel ein automatisches Mitziehen abhängiger Aufträge bzw. Arbeitsgänge, zu ermöglichen. Dabei ist die Anzahl der Verknüpfungen derart zu limitieren, daß die Übersichtlichkeit für den Benutzer gewahrt bleibt. In Bild 48 ist das Verknüpfungswerkzeug spezifiziert.

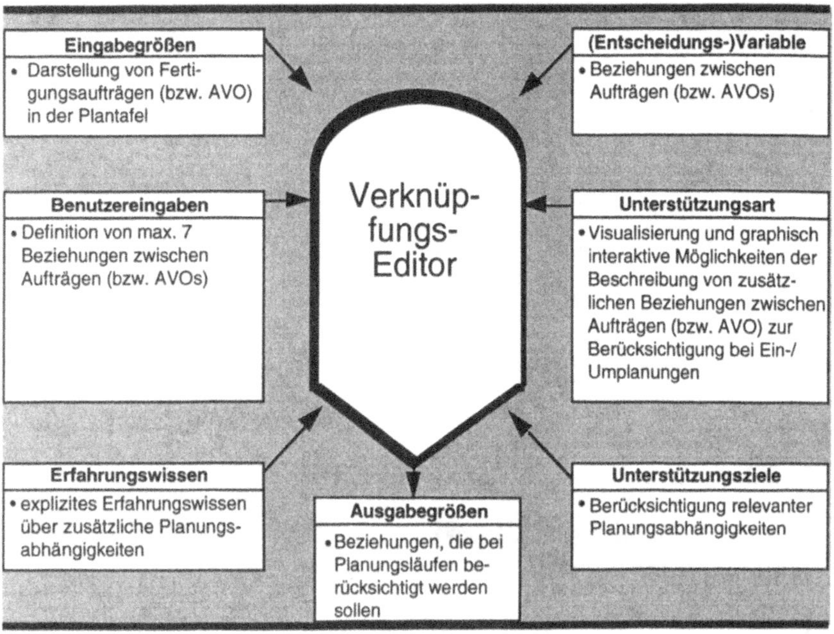

Bild 48: Spezifikation des Benutzerwerkzeuges "Verknüpfungswerkzeug"

6.3.10. Sichten-Editor

Der Sichten-Editor erlaubt eine Reduktion der dargestellten Objektmenge aufgrund von Attributen. Dadurch wird eine Anpassbarkeit des Datenangebots an die Informationsbedürfnisse des Benutzers ermöglicht. Insbesondere bei der Plantafeldarstellung sind für AVOs viele unterschiedliche Stati möglich (Bild 49). Situativ wird der Benutzer nur AVO mit gewissen Kriterien betrachten wollen. So sind z.B. freigegebene AVOs bei der Auftragseinplanung nur insofern interessant, als daß die Maschinen damit belegt sind. Detailierte Darstellungen mit AVO-Nummer und farblicher Markierung sind nicht nötig. Derartige Ausblendungen von AVOs mit gewissen Status (und nur umrißhaften Darstellung) sind mit dem Sichten-Editor möglich.

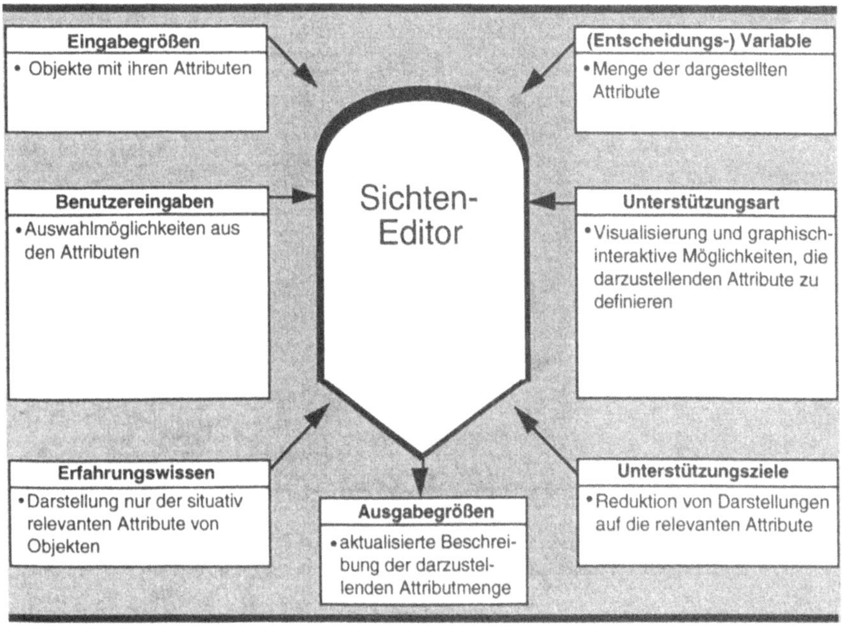

Bild 49: Spezifikation des Benutzerwerkzeuges "Sichten-Editor"

6.3.11. Auftragssplitter/ Auftragszusammenfasser

Der Auftragssplitter erlaubt dem Benutzer geeignete Disaggregationen von Auftragsobjekten zu erstellen, mit denen er die Planungen am Leitstand ausführen möchte (Bild 50). Dabei können sowohl Aufträge wie auch AVOs aufgespalten werden. Analog ermöglicht der Auftragszusammenfasser dem Benutzer, Auftragsobjekte zusammenzufassen. Dadurch können eigene Arbeitsobjekte zusammengestellt werden, wie dies aus fertigungstechnischen Gründen sinnvoll ist.

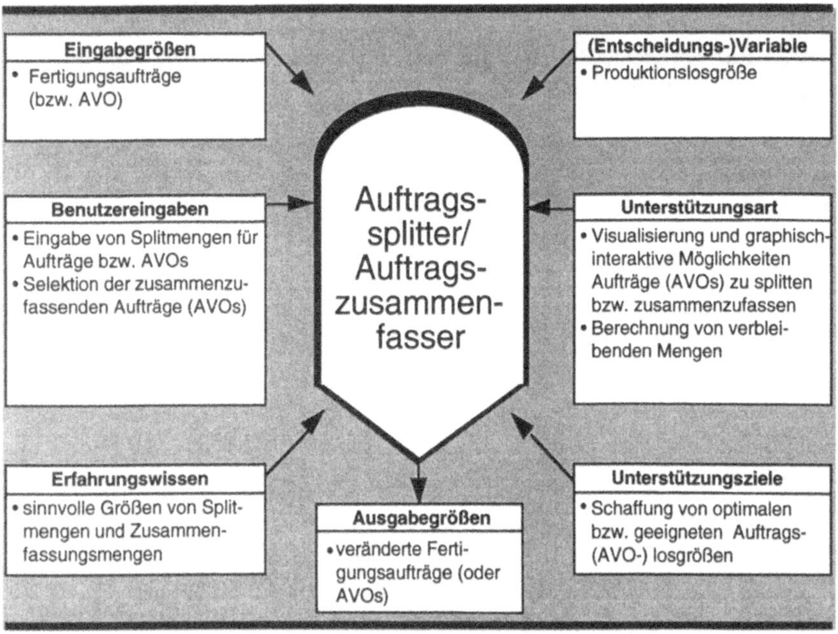

Bild 50: Spezifikation des Benutzerwerkzeuges "Auftragssplitter/ Auftragszusammenfasser"

7. REALISIERUNG VON AUFGABENGERECHTEN BENUTZER-OBERFLÄCHEN UND -WERKZEUGEN

7.1. Architektur von Benutzerwerkzeugen

Die Architektur von Benutzerwerkzeugen umfaßt den Aufbau eines einzelnen Benutzerwerkzeuges und die Einbettung von Benutzerwerkzeugen in die Softwarestruktur von Leitständen und damit das Zusammenspiel mit anderen Systemkomponenten. Insbesondere der Einsatz von geeigneten User Interface Managment Systeme erlaubt es, komfortabel und effizient Benutzerwerkzeuge zu entwickeln und einzusetzen.

7.1.1. UIMS und Benutzerwerkzeuge

Der Aufwand für die Erstellung von graphisch-interaktiven Benutzungsoberflächen nimmt einen Anteil von 30 - 70% am Gesamtaufwand der Softwareerstellung ein /119/. Dieser Aufwand ist somit deutlich höher als bei Formular- und Maskendialogen, bei denen seit vielen Jahren bereits einfache, spezifische Generatoren verwendet werden. Für graphisch-interaktive Benutzungsoberflächen werden nunmehr verstärkt allgemeine Werkzeuge eingesetzt (Bild 51).

Werkzeuge	Beschreibung der Werkzeuge	Beispiele
UIMS, User Interface Management Systeme	Werkzeuge für • **Entwurf** • **Durchführung** • **Dialogablauf**	• ISA Dialog Manager /120/ • TELEUSE /121/ • THESEUS /122/ **Leitstand** ProMon /61/
Oberflächen-baukästen, User Interface Toolkit, Anwendungs-rahmen	Werkzeuge für **Basisfunktionalität zum Aufbau interaktiver Anwendungen** (bestehend aus: - Ressourcenverwalter, - Fensterverwaltungssystem, - Bibliothek von Interaktionsobjekten)	• GEM • MS Windows • InterViews • X-Toolkit • OSF/Motif **Leitstand** DASS /123/
Anwendungs-generatoren	Werkzeuge zur **Erstellung von Anwendungen** mittels eigener Beschreibungssprache	Eigene • **Beschreibungssprachen** **Leitstand** Blueprint /124/
Fenstersysteme, Ressourcen-verwalter	Werkzeuge zur **Unterstützung** basaler grafischer Funktionen	• X-Windows • DEC Windows • Presentation Manager **Leitstand** factory Tower /125/

Bild 51: Konstruktionswerkzeuge für die Erstellung von Leitständen

Durch die Verwendung von UIMS-Werkzeugen läßt sich dieser Aufwand deutlich reduzieren (/126/ berichtet über 18% Aufwandsreduktion bei der Erstellung von Benutzungsoberflächen).

Die Entwicklung bei den Leitständen geht in Richtung eines verstärkten Einsatzes von komfortablen Konstruktionshilfsmitteln, wie UIMS und graphikfähigen Datenbankformularsprachen (siehe bereits /127/). Dies entspricht auch den wissenschaftlichen Forderungen nach offenen Architekturen /46/,/128/.

Die Untersuchung der Anforderungen an UIMS für die Verwendung bei Leitständen ergab, daß solche Konstruktionswerkzeuge besonders geeignet sind,

- die sowohl über einen Layout-Editor als auch über eine Dialogsequenzbeschreibung verfügen,
- die objektorientierte Dialogobjekte besitzen, die Vererbung und Datenkapselung ermöglichen,
- die "Rapid Prototyping" und evolutionäre, partizipative System(weiter-) entwicklung ermöglichen,
- die graphisch-interaktive (direkt manipulative) Anwendungssysteme unterstützen,
- die eine hohe Leistungsfähigkeit (Effizienz, Effektivität, Zuverlässigkeit, Bedienbarkeit, Fehlertoleranz) /84/ besitzen, und
- die eine weite Verwendbarkeit in unterschiedlicher, standardisierter Hardware- und Softwareumgebung erlauben, um eine homogene Bedienbarkeit über unterschiedliche Anwendungen bzw. Funktionsintegration an unterschiedlich ausgestatteten Arbeitsplätzen in der Werkstatt zu ermöglichen.

7.1.2. Grundsätzlicher Aufbau von Benutzerwerkzeugen

Benutzerwerkzeuge bestehen grundsätzlich aus dem Programmkode der folgenden Komponenten:

- **User Interface Management System:** durch die Benutzerschnittstellensprache (User Interface Definition Language: UIDL) werden die visuelle Darstellung und deren Eigenschaften (z.B. Anordnung und

Farbgestaltung) und Dialogverhalten der Benutzerschnittstelle beschrieben.

- **Callback-Routinen:** durch diese Funktionsaufrufe in der UIDL erfolgt die Anbindung von Anwendungsprogrammroutinen.
- **Programmierkomponente:** diese Komponente wird meist durch Callback-Routinen aufgerufen und realisiert die gewünschte Anwendungsprogrammfunktionalität mittels einer Programmiersprache.
- **Oberflächenbaukasten (User Interface Toolkits):** diese Komponente stellt eine Programm-Bibliothek mit Bausteinen (Fenster, Menüs, Ikonen, etc.) für die Konstruktion von Benutzungsoberflächen zur Verfügung.
- **Fenstersystem:** diese Komponente übernimmt die elementare Darstellung von graphischen Objekten auf dem Bildschirm.
- **Betriebssystem:** diese Komponente realisiert die basalen Funktionen auf Rechnerebene.

In Bild 52 sind die Kontrollflüße zwischen den Komponenten der Benutzungsoberfläche dargestellt.

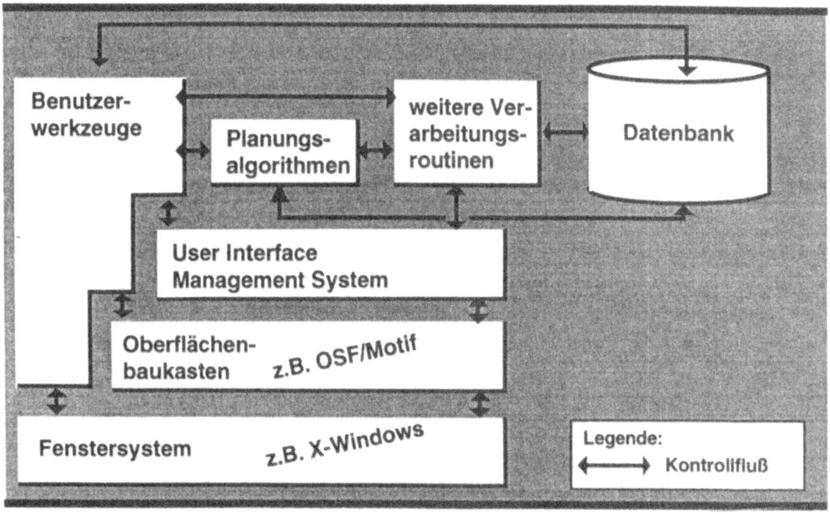

Bild 52: Kontrollflüsse zwischen den Programmkomponenten

Das Konzept der Benutzerwerkzeuge setzt ein benutzer- und aufgabenorientiertes Gestaltungskonzept in Softwarekomponenten um. Die Realisierung der einzelnen Benutzerwerkzeuge in Verbindung mit UIMS erfolgt dabei je nach Anwendung zwischen den zwei nachfolgenden Ansätzen:

- Das Benutzerwerkzeug besteht aus UIDL-Programmiercode (vollständig aus Objekten des UIMS), so daß alle Interaktionen vollständig unter der Programmkontrolle des UIMS ablaufen. Dadurch wird kein Programmcode von Oberflächenbaukästen, Fenstersystemen oder vom Betriebssystem im Benutzerwerkzeug benötigt.
- Das Benutzerwerkzeug besteht zu Teilen aus einem eigenständigen Programmiercode, der direkt aus Objekten des, dem UIMS zugrundeliegenden, User Interface Toolkits besteht oder sogar aus dem noch grundlegenderen Fenstersystem. Für einen Bereich des Bildschirmes bzw. Fensters hat damit das Benutzerwerkzeug die Programmkontrolle für die Interaktion mit dem Benutzer.

Diese Ansätze haben direkt keinen Einfluß auf die Funktionalität für den Benutzer. Jedoch werden Laufzeitverhalten, Gestaltungsmöglichkeit von Präsentationen, Implementierungsaufwand, Änderbarkeit maßgeblich von der Art des Ansatzes beeinflußt. Am Leitstand ist insbesondere das Benutzerwerkzeug Plantafel von einer derartigen Komplexität (Implementierungsaufwand, benötigte Darstellungsobjekte, Laufzeitanforderungen, etc.). Hierdurch kommt nur eine weitgehende Implementierung des Gantt-Diagrammes direkt auf dem Fenstersystem durch ein eigenständiges Objekt in Frage kommt, welches über entsprechende Callback-Routinen an das UIMS angebunden ist.

7.2. Entwicklungskonzept für Benutzerwerkzeuge

Die Entwicklung von spezifischen Leitstandlösungen ist dadurch gekennzeichnet, daß Anpassungen bzgl. dem Anwendungsbereich, den betrieblichen Gegebenheiten (Betriebsspezifika und Abteilungsspezifika) und den individuellen Bedürfnissen der Benutzer vorgenommen werden müssen.

Für die Entwicklung von Softwaresystemen, die einen besonders hohen Anpassungaufwand gerecht werden müssen, hat sich die Entwicklungsmethode der "Software-Fabrik" /18/ als besonders geeignet erwiesen. Dabei werden einzelne Bausteine identifiziert, deren Kombination entsprechend eine angepaßte Softwarelösung ergeben /129/. Das Entwicklungsgrundprinzip ist in Bild 53 dargestellt.

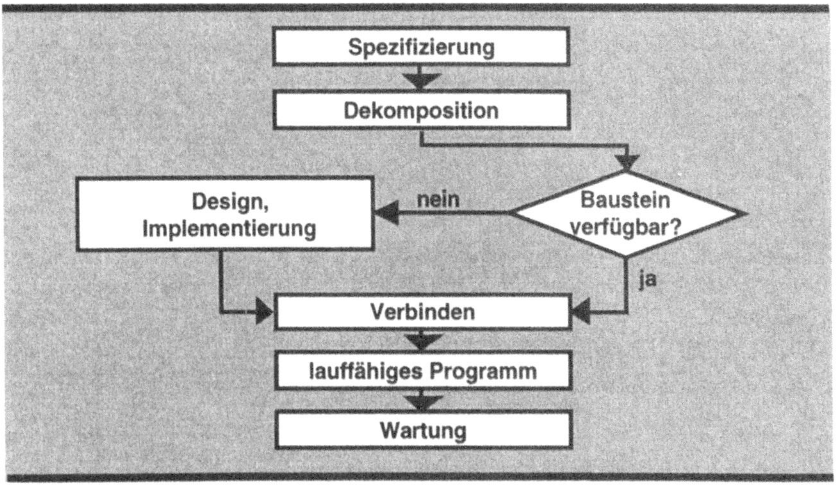

Bild 53: Vorgehensmodell für die Entwicklung von Systemen nach dem Prinzip der Software-Fabrik /18/

In Verbindung mit dem Grundprinzip des Prototyping /130/ ergibt sich dadurch ein besonders problemangemessenes Entwicklungskonzept, das gut erweiterbar, wartbar und organisierbar ist. Die Wartbarkeit hat sich dabei als eine Schlüsselgröße für die Qualität von Software entwickelt /131/, da insbesondere bei graphischen Informationssystemen die benutzer- und aufgabenbezogenen Anforderungen nur schwer vollständig a priori beschreibbar sind und somit Erweiterungen aufgrund von Benutzertests notwendig werden /132/.

Entsprechend diesen Erfordernissen ist in Bild 54 ein Entwicklungskonzept für die schrittweise Entwicklung der Benutzungsoberfläche von Leitständen dargestellt.

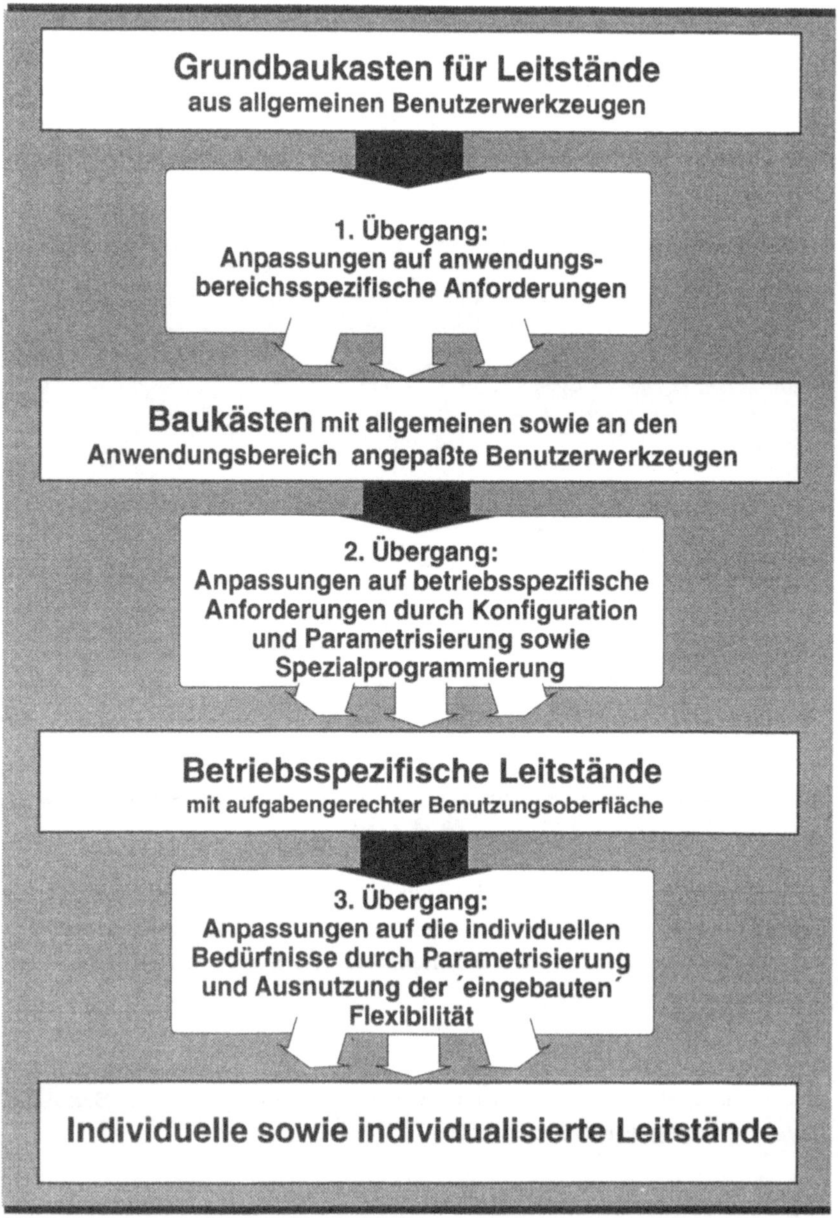

Bild 54: 3-stufiges Entwicklungskonzept für Leitstände unter Verwendung von Benutzerwerkzeugen für die Benutzungsoberfläche

Die 3 Übergänge zwischen den Leitstandsarten lassen sich nach ihren Eigenschaften charakterisieren (Bild 55). Dabei wird deutlich, daß die Benutzerwerkzeuge unterschiedliche Bedeutungen und Funktionen in den einzelnen Übergängen besitzen.

	Merkmale der Übergänge im Entwicklungskonzept		
	1. Übergang	2. Übergang	3. Übergang
Benutzergruppen			
■ Anbieter	●	◕	○
■ Anwender	◑	●	◑
■ Benutzer	○	●	◑
Art der Anpassungen			
■ Organisation	◕	◕	◔
■ Aufgabe	◑	●	◕
■ Benutzer	◔	◕	●
■ Software	●	◕	◔
Anpassungskonzept ■ **Anpassungen der Benutzungsoberfläche**	Vor allem: ■ Entwickeln und Implementieren von neuen Benutzerwerkzeugen ■ Konfigurieren der Benutzerwerkzeuge	Vor allem: ■ Konfigurieren und Verbinden von bestehenden Benutzerwerkzeugen Entwickeln und ■ Implementieren von neuen BW	■ Arbeiten mit den neuen Benutzerwerkzeuge
Unterstützungswerkzeuge für Anpassungen ■ **Werkzeuge für Anpassungen der Benutzungsoberfläche**	■ UIMS ■ Softwareentwicklungsumgebungen mit UIDL-Editoren ■ Editoren für Callbackaufrufe ■ Toolkits, Fenstersystem	■ Konfigurationsumgebung für die Parametrisierung der Benutzerwerkzeuge ■ Softwareumgebung wie 1.Übergang	■ Benutzer wählt die Art und die Daten für die Darstellungen im Rahmen der Funktionalität der Benutzerwerkzeuge

Eignung der Durchführung des Übergangs durch eine Benutzergruppe bzw. zur Durchführung von Anpassungen: ● sehr gut ◕ gut ◑ mittel ◔ wenig ○ gar nicht

Bild 55: Merkmale der Übergänge im Entwicklungskonzept für die Benutzungsoberfläche mit Benutzerwerkzeugen

7.3. Realisierung des FIKS-Leitstands mit Benutzerwerkzeugen

Die nachfolgende Beschreibung betrachtet die spezifische Benutzungsoberfläche eines FIKS-Leitstands (Fertigungs-Informations- und Kommunikationssystem) für einen ausgwählten Fertigungsbereich eines Werkzeugmaschinenherstellers. Dieser FIKS-Leitstand dient somit als ein Demonstrator für die Gestaltung eines benutzer- und aufgabengerechten Leitstands. Es wird das Ergebnis des 2. Übergangs im Leitstandentwicklungskonzept dargestellt (der 1. Übergang wurde bereits in Kap. 6 durch die erwickelten Benutzerwerkzeuge aufgezeigt).

Bei dieser betriebsspezifischen Leitstandlösung kann das Zusammenspiel der Benutzerwerkzeuge unter Entwicklung neuer, spezifischer Benutzerwerkzeuge und weiterer Benutzungsoberflächenfunktionalitäten (die durch freie Programmierung unter dem UIMS) betrachtet werden.

Die beschriebene Version des FIKS Leitstands wurde für die Anwendungsumgebung eines mittelständischen Unternehmens des Werkzeugmaschinenbaues erstellt (vgl. Bild 56).

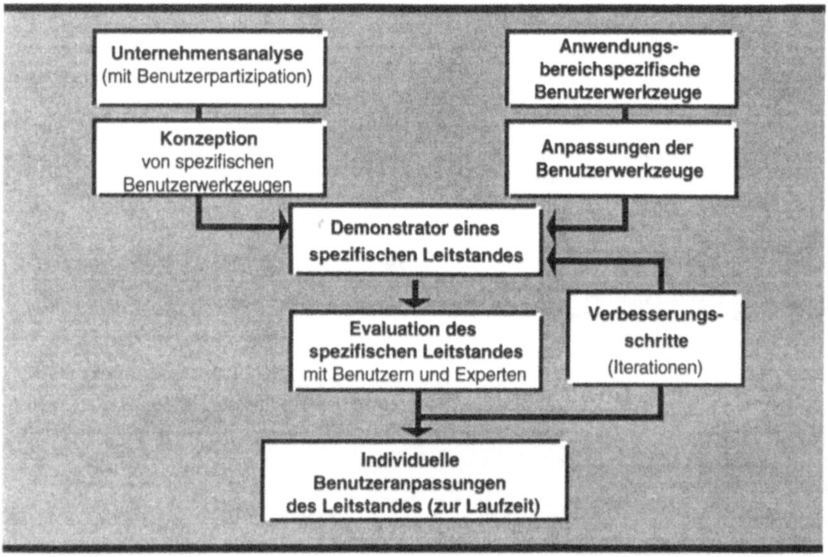

Bild 56: Vorgehensweise bei der Entwicklung des FIKS-Leitstands

Die Herleitung der detaillierten betrieblichen Anforderungen erfolgte unter Partizipation der zukünftigen Benutzer. Der Tätigkeitsumfang umfaßt dabei in dieser 1. Implementierungsstufe noch nicht alle möglichen bzw. sinnvollen Tätigkeiten, so daß aufgrund der zu machenden Erfahrungen in weiteren Implementierungsstufen eine Ergänzung der mit dem Leitstand unterstützten Tätigkeiten erfolgen wird.

7.3.1. Beschreibung der Anwendungsumgebung

Die betrieblichen Spezifika des Anwendungsunternehmen und die betriebliche Einbettung sind in Bild 57 zusammengefaßt.

Unternehmensmerkmale

- **Mittelständisches** Maschinenbauunternehmen mit **450** Mitarbeitern
- **Auftrags- und Kleinserienproduktion**
- Herstellung von **Bearbeitungswerkzeugen für Werkzeugmaschinen**

Werkstattmerkmale

- **Schleiferei:** für das Schleifen der Bearbeitungswerkzeuge für Werkzeugmaschinen
- **Werkstattgröße:**
  - 12 NC-gesteuerte Werkzeugmaschinen
  - 9 konventionelle Werkzeugmaschinen
  - 0 manuellen Arbeitsplätze
- **Mitarbeiter:**
  - **27** Maschinenbediener
  - 1 Springer
  - 1 Meister
  - 1 Transporteur (temporär)
  - **0** Hilfskräfte

Planungs- und Steuerungsmerkmale (Sollkonzept)

- **Vorplanung:**
  Soll in der **zentralen Arbeitsvorbereitung** erfolgen, da dies dem **hohen** Auftragsvolumen angemessen ist. In einer **vorgelagerten Werkstatt** findet die **Zusammenfassung** der Aufträge ensprechend dem Erfahrungswissen der Mitarbeiter statt. **Ähnliche** Aufträge werden zu sogenannten **´Kisten´** (Transporteinheiten) zusammengefaßt. **Ähnlichkeitskriterium** hierbei: **Abfolge** der Bearbeitungsstationen (Arbeitsplätze, Maschinen). Bei **Umplanungen** werden ´Kisten´ geändert und **neue** ´Kisten´gebildet.

- **Auftragsvolumen** (Neu): **60** Aufträge /Tag mit durchschnittlich **11** Arbeitsgängen
- **Kistenvolumen** (Neu): **10** ´Kisten´/Tag mit durchschnittlich **11** Arbeitsgängen
  - **Auftragsvolumen** (Bestand): **1.300 Aufträge**
  - **Kistenvolumen** (Bestand): **220 ´Kisten´**

Merkmale Disposition

- **Aufgaben** der Disposition: Werden vom **Meister** übernommen
- **Qualifikation** des Disponenten: 1. Lehre, 2. Meisterschule (insges. **6**-jährige Ausbildung)
- **Erfahrung** des Disponenten: **6-monatige** Dispositionserfahrung
- **Erfahrung** mit **Rechnern**: nur **geringe Erfahrungen** vorhanden
- **Zukünftige Benutzung** des Systems (geplant): für ca. **40 %** der Zeit des Disponenten
- Tätigkeiten **Bisherige** Disposition: Verwendung eigener **Aufschriebe** und von wochenweisen **Belegungslisten** des PPS-Systemes

Bild 57: Betriebliche Spezifika und Merkmale der Anwendungsumgebung für den FIKS-Leitstand

7.3.2. Systemarchitektur des FIKS-Leitstands

Zielsetzung ist es, einen Leitstand mit anpaßbarer Unterstützung der Kapazitätsbelegungsplanung unter der konzeptionellen Zielsetzung einer objektorientierten Datenmodellierung mit einer benutzer- und aufgabengerechten Benutzungsoberfläche zu erstellen.
Im Kern umfaßt die Software-Architektur für den FIKS-Leitstand somit die folgenden, konzeptionellen Komponenten:

- Komponente zur Abbildung der realen Datenobjekte (Datenmodellierung) und zur Datenhaltung,
- Komponente zur Unterstützung der Kapazitätsbelegungsplanung,
- Komponente für die Benutzungsoberfläche.

Aufgrund der klaren Schnittstellen zwischen der Benutzungsoberfläche und den anderen Komponenten ergeben sich getrennte Entwicklungs- und Evaluationsmöglichkeiten.

Die Komponente zur Abbildung der realen Datenobjekte (Datenmodellierung) liegt durch die Arbeiten von /76/ vor. Diese objektorientierte Datenmodellierung beinhaltet ein umfassendes Datenmodell der Werkstatt, wie es als Basis für breit angelegte Leitstandimplementierungen benötigt wird. Dabei werden bei der objektorientierten Implementierung die Standardobjekte mit ca. 300 Klassen abgebildet. Ferner besteht die Möglichkeit, neue Datenobjekte aufzunehmen, Attribute von Datenobjekten zu verändern bzw. zu ergänzen und Beziehungen zwischen den Datenobjekten zu modifizieren. Inhärente Mechanismen, wie Vererbung, Datenkapselung, etc. ermöglichen es, einfach und konsistent Anpassungen der Datenobjekte vorzunehmen. Der Übergang vom Datenmodell zur Datenhaltung in einer relationalen oder objektorientierten Datenbank ist gewährleistet.

Die Komponente zur Berechnung von Planungsvorgängen liegt durch die Arbeiten von /117/ vor. "Ad hoc veränderbare Planungsalgorithmen" /133/ werden mit dieser Arbeit zur Verfügung gestellt. Diese praxisbezogen ermittelten Planungsalgorithmen bestehen aus einzelnen Elementen, die anforderungsgerecht durch den Benutzer zusammengebaut werden.

Die Komponente für die Benutzungsoberfläche besteht im Kern aus einem UIMS /120/, dessen Laufzeitkomponente die Dialogsteuerung übernimmt. Ferner werden die Berechnungsprogramme (Planungsalgorithmen) sowie weitere Verarbeitungsroutinen (Kommunikationsfunktionen, Druckeransteuerung, Systemfunktionen) über sog. Callback-Routinen angestoßen und überwacht (Bild 57). Die Dialogkontrolle liegt dabei implementierungsabhängig situativ bei dem UIMS oder bei den Verarbeitungsprogrammen. Die meisten Benutzerwerkzeuge sind dabei rein aus UIMS-Objekten aufgebaut.

7.3.3. Programmierumgebung

In Bild 58 sind einige typische Programmierumgebungen dargestellt, unter denen bisher Benutzerwerkzeuge konzipiert und implementiert wurden. Der vorgestellte FIKS-Leitstand für die beschriebene Anwendung wurde dabei unter der Programmierumgebung IV implementiert. Die Erfahrungen aus der Entwicklung unter den anderen Programmierumgebungen zeigen, daß die Wiederverwertbarkeit bzw. Weiterentwickelbarkeit der Benutzerwerkzeuge mit zunehmender Leistungsfähigkeit der UIMS Systeme ebenfalls deutlich ansteigt (insbesondere in Umgebung IV ist das UIMS sehr leistungsfähig).

	Umgebung IV	Umgebung III	Umgebung II	Umgebung I
UIMS	■ Dialog Manager Version 1.30	■ Dialog Manager Version GEM	■ DIAMANT	■ Dialog Manager Version APPLE
Programmiersprache	■ C++	■ C	■ C++	■ C
Oberflächenbaukasten	■ OSF/Motif	■ GEM	■ InterViews	■ APPLE Toolkit
Fenstersystem	■ X-Windows	■ GEM	■ X-Windows	■ APPLE
Betriebssystem	■ UNIX	■ DOS	■ UNIX	■ APPLE

Bild 58: Zusammenstellung der Programmierumgebungen, unter denen bisher Benutzerwerkzeuge entwickelt wurden.

7.3.4. Implementierte Benutzerwerkzeuge im FIKS-Leitstand

Entsprechend dem Leitstandentwicklungskonzept wurden die in Kap. 6 beschriebenen anwendungsbereichspezifischen Benutzerwerkzeuge unter den Anforderungen des Anwendungsunternehmens angepaßt und implementiert.

In Bild 59 sind die implementierten Benutzerwerkzeuge aufgeführt. Eine detaillierte Beschreibung der Benutzerwerkzeuge und der Benutzungsoberfläche findet sich in den jeweils aufgeführten Arbeiten, wobei auch auf die Prototypenversionen verwiesen wird.

Benutzerwerkzeug	Merkmale	Ausarbeitung
Plantafel (Anwendungsphase)	■ **Zuordnung von AVO auf Maschinen** (implementierte Plantafel bzw. implementierte Benutzungsoberfläche der Plantafel)	/134/ /135/
Planungsberater	■ **Konfigurierbare Plantafel** für die erweiterte **Planungsunterstützung**	vgl. /117/
Arbeitsplan-Editor	■ **Editor** für die Generierung, Pflege und Modifikation von **linearen** Arbeitsplänen	/136/,/137/
Navigator	■ **Navigator** für Aufträge, Maschinen, Zeit, Werkzeuge, Betriebsmittel, Mitarbeiter	/135/
Auftragsverfolgung (Boxenprinzip)	■ **Statusabhängige Darstellung** von **Aufträgen** in Auftragsstatusboxen	/137/
Versionenverwalter	■ **Benutzungsoberfläche** für die Verwaltung von unterschiedlichen Planungsversionen	/138/
Sichten-Editor	■ **Editor** für die Definition von gewünschten Sichten auf die Plantafel durch den Benutzer	/134/
Auftragssplitter	■ **Splitten von Aufträgen** in Teilaufträge	/137/

Bild 59: Implementierte Benutzerwerkzeuge des FIKS-Leitstands

Die Benutzerwerkzeuge liegen als UIDL -Programmiercode mit den entsprechenden Datenschnittstellen und Callback-Routinen vor. Die benötigten UIDL- Beschreibungen der Benutzerwerkzeuge werden aus der Benutzerwerkzeugbibliothek in die UIDL- Beschreibung des Leitstands kopiert. Durch Programmierung in der UIDL des UIMS werden die Benutzerwerkzeuge zu der Gesamtbenutzungsoberfläche zusammengebunden und um weitere Benutzungsoberflächenfunktionalitäten ergänzt. In Bild 60 sind die verwendeten Benutzerwerkzeuge und deren Unterstützung für die einzelnen Tätigkeiten am Leitstand aufgeführt:

1	Plantafel	7	Sichten-Editor(Maschinen) sowie Versionenverwalter
2	Arbeitsplan-Editor	8	Implementierung durch UIMS
3	Schichten-Editor	9	Planungsberater (Implementierung vgl. /117/)
4	Auftragsverfolgung		
5	Navigator		
6	Sichten-Editor (Plantafel) sowieVersionenverwalter		

Übrige Tätigkeiten wurden im Anwendungsfall nicht betrachtet (=Rechteck).

Für den Benutzer sind die Benutzerwerkzeuge und die anderen Funktionalitäten der Benutzungsoberflächen weitgehend über den Navigator erreichbar (andere Zugänge sind auch möglich). Die Anordnung der Ikonen erfolgt dabei linear (gegenüber der kreisförmigen Anordnung des allgemeinen Navigator, vgl. Bild 37). Diese an ein Armaturenbrett ähnelnde Anordnung wurde deshalb gewählt, weil sie besser die geforderten zusätzlichen, kontextabhängigen, effizienten Aufrufmechanismen ermöglicht. Somit können die entsprechenden Fenster durch einfaches Selektieren der Navigator-Ikonen aufgerufen werden.

7.3.5. Übersicht über die Dialogstruktur des FIKS-Leitstands

Das Zusammenspiel der Benutzerwerkzeuge erfolgt über die Dialogsteuerung des UIMS. Vom Navigator aus können die unterschiedlichen Benutzerwerkzeug erreicht werden. In Bild 61 ist die Dialogstruktur als Baum dargestellt. Aufgrund des Umfangs des Dialoges kann nur eine extrem verkleinerte Darstellung erfolgen. Die durch Benutzerwerkzeuge unterstützten Bereiche sind gesondert gekennzeichnet. Im Anhang C sind die wesentlichen Dialogstrukturen der Benutzerwerkzeuge dargelegt.

7.3.6. Beurteilung des FIKS-Leitstands

Die Benutzungsoberfläche des FIKS-Leitstands (Bild 6, Bild 31 sowie die Bilder im Anhang C) stellt eine eindrucksvolle Bestätigung des Konzeptes der Benutzerwerkzeuge dar. Die Evaluation durch die Mitarbeiter des Anwendungsunternehmens zeigen, daß es möglich war, einen betriebsspezifischen Leitstand zu erstellen, der sowohl benutzer- als auch aufgabengerecht ist. Das Konzept der Benutzerwerkzeuge erlaubt die Partizipation dieser Mitarbeiter am Entwicklungsprozeß und gewährleistet somit, daß ein für die Mitarbeiter angemessener Leitstand entsteht.

Tätigkeiten (Legende: TE Transporteinheit, Mas. Maschine, Mat. Material, Wer. Werkzeug)	TE	AVO	Mas.	Mat.	Wer.
Informationsaufnehmend					
● Übernehmen von **Planwerten**	8	8	8	8	8
● Übernehmen von **Istwerten**	8	8	8	8	8
● Übernehmen von **Stammdaten**	8	8	8	8	8
Informierend					
● Mitteilen der **Kapazitätsbelegung**	□	□	1	1	1
● Mitteilen der **Kapazitätsbedarf**	1	1	□	□	□
● Mitteilen der **Planwerte**	1	1	□	□	□
● Mitteilen der **Istwerte**	□	□	□	□	□
● Mitteilen der **aggregierte Istwerte**	□	□	□	□	□
● weitere **Anfragen** beantworten	□	□	□	□	□
Vorbereitend					
● Verändern der **Bewegungsdaten**	2	2	8	8	8
● Verändern der **Stammdaten**	2	2	8	8	8
● Verändern der **Strukturen**	2	2	□	□	□
● Vestlegen der **Planungsparameter**	9	9	□	□	□
Planend-rechenhaft					
● Bestimmen der **Auftragszeitfenster**	9	9	□	□	□
● Bestimmen der möglichen **Ressourcen**	□	□	9	9	9
● Bestimmen der **Ressourcenzeitfenster**	□	□	9	9	9
● Bilden der **Auftragsreihenfolge**	□	9	□	□	□
● **Terminieren** (nach Planungstrategie)	□	9	□	□	□
● Prüfen der **Verfügbarkeit**	□	□	□	□	□
Dispositiv-planend					
● Auswählen der **Ressource**	□	□	□	□	□
● Verändern der **Belegungen**	□	□	1	1	1
● Priorisieren von **Objekte**	□	□	□	□	□
● Auswählen der **Planungsstrategie**	9	9	9	9	9
● Auswählen von **Arbeitspläne**	2	2	□	□	□
● Planen von **Kapazitäten**	□	□	3	□	□
● Entscheiden über **Reaktionen**	□	□	□	□	□
Kontrollierend/prüfend					
● **Plausibilität** der übernommenen Daten	□	□	□	□	□
● **PPS-Vorgaben** überwachen	□	1	□	□	□
● **Auftragssfortschritt** überwachen	4	□	□	□	□
● **Planungsvorgaben** (Soll-Ist-Vergleich)	□	1	□	□	□
● **Planungsqualität** kontrollieren	□	1	□	□	□
● **Auftrags-/AVO-Daten** auswerten	□	□	□	□	□
● **Ressourcendaten** auswerten	□	□	□	□	□
Anweisend					
● **Arbeitsanweisungen** vergeben	□	8	□	□	□
● **Fremdaufträge** vergeben	□	□	□	□	□
Kooperierend					
● mit anderen **Leitständen**	□	□	□	□	□
● mit anderen **Systembenutzern**	□	□	□	□	□
● mit anderen **Informationssystemen**	8	8	□	□	□
● mit **ausführenden Stellen**	□	8	□	□	□
Systembedienung					
● Aufruf von **Funktionen** (Navigation)	5	5	5	5	5
● Definieren von **Sichten**	□	6	7	□	□

Bild 60: Verwendete Benutzerwerkzeuge im FIKS-Leitstand (Erläuterung der Kennziffern in Abschn. 7.3.4.)

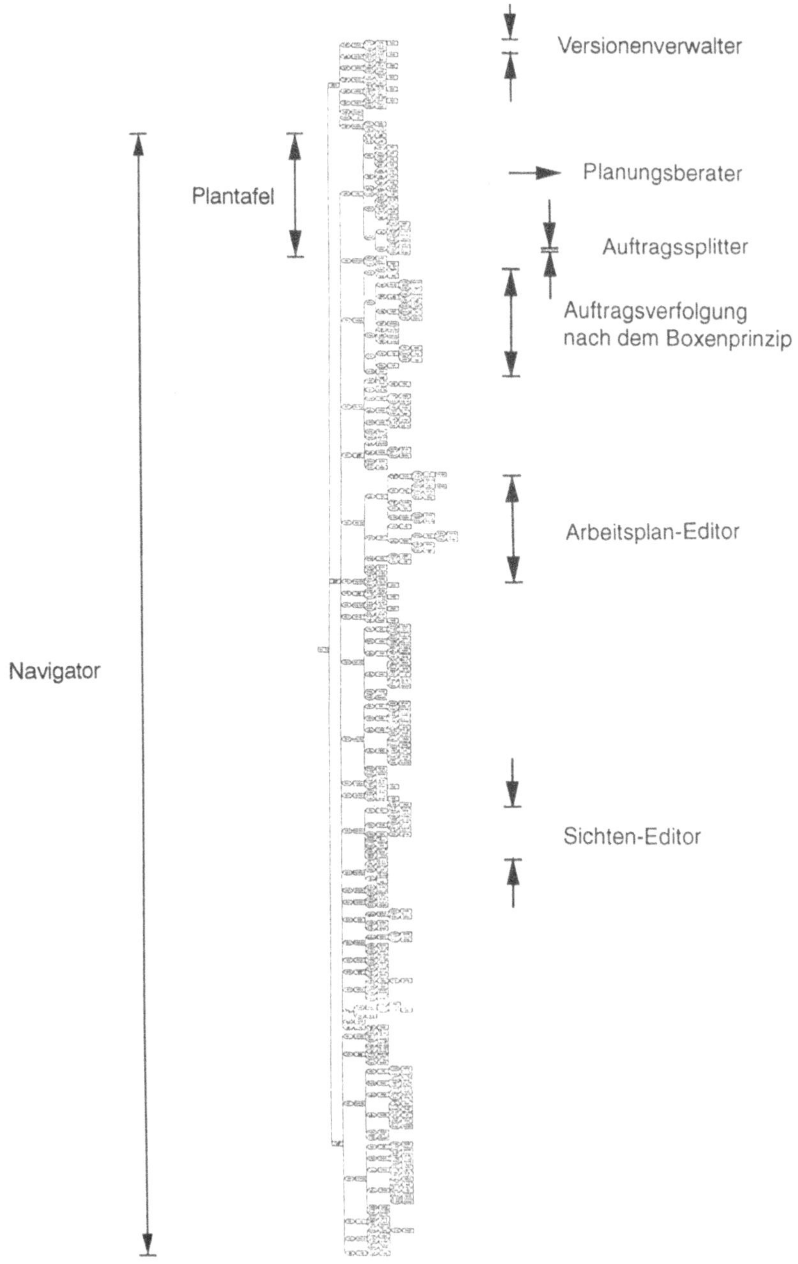

Bild 61: Dialogstruktur des FIKS-Leitstand mit Eintragung der Benutzerwerkzeuge

8. ARBEITSWISSENSCHAFTLICHE BEWERTUNG

Die Realisierung des Konzeptes der Benutzerwerkzeuge erfolgte zum einen durch die Implementierung der Benutzungsoberflächen und der Bedienfunktionalität einzelner, ausgewählter Benutzerwerkzeuge. Zum anderen wurde das Leitstandentwicklungskonzept verwendet, um aus den allgemeinen Benutzerwerkzeugen unter Einbindung weiterer Funktionen einen betriebsspezifischen und individualisierbaren Leitstand zu erstellen.

8.1. Arbeitswissenschaftliche Bewertung der Benutzerwerkzeuge

Die arbeitswissenschaftliche Bewertung der Benutzerwerkzeuge erfolgt durch Vergleich mit bisher üblichen Realisierungsformen von Leitstandskomponenten unter Beachtung der VDI-Gestaltungskriterien.

Plantafel
Die Plantafel stellt das wesentliche Interaktionsobjekt des Leitstands für den Benutzer dar. Durch eine Vielzahl von Parametrisierungen und der Verbindung mit Sichten-Editoren ist es möglich, nur die situativ bzw. individuell sinnvollen Daten darzustellen. Dadurch wird die Informationsaufnahme und die Fehlermöglichkeiten des Benutzers verbessert. Bisherige Plantafeln unterstützen die Benutzer zu wenig.

Arbeitsplan-Editor
Durch die umfangreichen, graphisch-interaktiven Manipulations- und Eingriffsmöglichkeiten des Benutzers kann in starkem Maße Erfahrungswissen der Werkstattmitarbeiter und des Disponenten eingebracht werden, wodurch die Kompetenzförderlichkeit und die Aufgabenangemessenheit unterstützt werden. Insbesondere dann ist ein hohes Maß an Aufgabenangemessenheit gegeben, wenn keine starren Veränderungen des Arbeitsplans beschreibbar sind, sondern die interaktive Vorgehensweise mit mehreren einzelnen Modifiktionen geeigneter ist. Durch sofortige Darstellung der durchgeführten Modifikationen ist eine Eingabekontrolle möglich. Durch individualisierbare Betrachtungsweisen des Arbeitsplans werden nur die relevanten Daten angezeigt.

Navigator

Der Navigator ermöglicht dem Benutzer, individuelle Informationsbedarfe durch eigenes Definieren von Sichten zu decken. Die dabei verwendete Syntax ist einfach. Auch gering strukturierte oder seltene Aufgabenstellungen werden konsistent unterstützt. Durch die Gleichartigkeit der Bedienung bei Neuaufruf und bei Veränderungen der Sichtweise ergibt sich eine hohe Kompetenzförderlichkeit. Häufig benutzte Sichten können durch den Benutzer definiert werden und effizient durch Menüauswahl wiederverwendet werden. Dadurch ist zum einen durch die freien Definitionsmöglichkeiten eine hohe Handlungsflexibilität und zum anderen durch den Direktaufruf im Menü eine aufgabenangemessene Vorgehensweise möglich. Aufrufmöglichkeiten von Sichten bei bisherigen Leitständen erlauben lediglich eine eng begrenzte Auswahl von konfektionierten Sichten.

Auftragsverfolgung nach Boxenprinzip

Bei der manuellen Plantafel besteht eine Orientierung an dem jeweiligen Status eines Auftrags bzw. AVOs. Diese spiegelt die Denkweise des Disponenten wieder und ist damit auch kompetenzförderlich. Bisherige elektronische Leitstände unterstützen diese Betrachtungsweise nicht, sondern unterstützen nur die Tätigkeit des Planens und vernachlässigen die Steuerung des Auftrags. Somit stellt die Auftragsverfolgung nach dem Boxenprinzip die Vollständigkeit der Tätigkeiten und die Metapher zur manuellen Plantafel wieder her und erlaubt somit eine aufgabenangemessene Auftragsverfolgung.

Terminierungsberater

Das Erfahrungswissen über die Abweichungen von den fest hinterlegten Planungsvorgabezeiten (z.B. im PPS-System und im Leitstand) kann bisher nicht direkt im Leitstand berücksichtigt werden. Hilfskonstruktionen, Scheinaufträge oder eine "Schattenwirtschaft" mit handschriftlichen Notizen stellen im Vergleich zum Terminierungsberater eine unangemessene und fehlerverursachende Realität bei bisherigen Leitständen dar. Das Handhaben von situativ abgeschätzten Vorgabezeiten durch den Disponenten ist eine aufgabenangemessene Lösung.

Versionenverwalter
Das explorative Erforschen der besten Planungslösung wird durch das Halten und die Gegenüberstellung von unterschiedlichen Planungsversionen unterstützt, so daß ein hohes Maß an Kompetenzförderlichkeit und Handlungsflexibilität ermöglicht wird. Bisherige Leitstände unterstützen dieses explorative Erforschen durch unterschiedliche Versionen bisher nur wenig.

Sichten-Editor
Die Vielzahl der am Leitstand vorhandenen Daten kann durch Sichten-Editoren auf die relevanten Daten reduziert werden. Dies ermöglicht eine bessere Informationsaufnahme und weniger Fehlermöglichkeiten. Somit können aufgabenangemessene und individuelle Datenaufbereitungen erfolgen.

Auftragssplitter
Der Auftragssplitter erlaubt ein hohes Maß an Handlungsflexibilität durch die Generierung von eigenen Auftragsobjekten durch den Disponenten. Derartige Komponenten unterstützen die Erstellung von Splittung bisher nicht durch eine derartig graphisch-interaktive Splittmengenvorschlagsplanung.

8.2. Arbeitswissenschaftliche Bewertung der Benutzungsoberfläche

Der FIKS-Demonstrator stellt die Benutzungsoberfläche für die erste Implementierung eines Leitstands für den beschriebenen Werkstattbereich dar, wobei Vernetzungen von mehreren Leitständen und umfangreiche Beratungswerkzeuge noch nicht beinhaltet sind. Parallel oder sequentiell zu der Entwicklung der Benutzungsoberfläche erfolgt die Entwicklung der internen Funktionalität (Planungsalgorithmen, Datenstrukturen, etc.). Jedoch lassen sich schon in dieser Stufe einige arbeitswissenschaftliche Bewertungen durchführen:

1.) Kompetenzförderlichkeit (Vollständigkeit, Erfahrungswissen)

Die Nähe der Gestaltung des Leitstands zu der auf Sinnhaftigkeit überprüften Denk- und Arbeitsweise der Mitarbeiter, ermöglicht es, die Arbeit am Leitstand für den Disponenten sowie die Arbeitsvergabe an die Werkstattmitarbeiter, arbeitswissenschaftlich sinnhaft durchzuführen. In Abwägung mit der Aufgabenangemessenheit sind vollständige Regelkreise geschaffen worden. Das Erfahrungswissen der Werkstattmitarbeiter und des Disponenten kann durch die Zusammenstellung der Transporteinheiten und durch die Modifikation der Planungsgrunddaten beim Arbeiten am Leitstand berücksichtigt werden.

2.) Handlungsflexibilität

Durch Schaffung von Kisten als eigene Arbeitsobjekte der Werkstatt und der konsequenten Möglichkeiten diese Kistenbetrachtung durchgängig am Leitstand beizubehalten, wird ein hohes Maß an Handlungsflexibilität ermöglicht. Der Navigator stellt ein ausbaufähiges, leistungsvolles Instrument flexibler Informationsaufnahmemöglichkeiten dar, das ebenso wie die Sichten-Editoren, in der Lage ist, die dargestellte Datenmenge den Informationsbedarfen des Benutzers situativ anzupassen. Unterschiedliche Versionen der Planungsläufe sind eine weitere Möglichkeit ein exploratives Erforschen der Planungsvielfalt zu gestatten. Durch das offene Konzept der Anpassbarkeit in den Benutzerwerkzeugen und durch die Benutzung von UIMS ist eine leichte Änderbarkeit und eine Fortentwicklung des Leitstand sowie eine kompetenzförderliche Fortentwicklung des Benutzers möglich.

3.) Aufgabenangemessenheit

Die gut strukturierten Aufgaben, wie z.B. die Auftragseinplanung, werden vom Rechner übernommen, während die gering strukturierten Aufgaben durch vielfache Eingriffsmöglichkeiten unterstützt werden. Die Struktur des Leitstands ist so klar ausgelegt, daß dem Benutzer jederzeit deutlich ist, welche Funktionalität die jeweilige Unterstützung besitzt und wo deren Anwendungsbereiche und Limitierungen liegen.

Neben diesen drei arbeitswissenschaftlichen Betrachtungen soll exemplarisch die Vorteilhaftigkeit einer arbeitswissenschaftlichen Strukturierung anhand des Navigators dargestellt werden. Hierfür wird der Dialogbaum eines mit Benutzerwerkzeugen konzipierten Leitstands und eines konventionellen, funktional ähnlichen Leitstands /139/ gegenübergestellt. Der mit Benutzerwerkzeugen konzipierte Leitstand stellt eine Vorversion des oben beschriebenen, betriebsspezifschen FIKS-Leitstands dar. Die Gegenüberstellung in Bild 62 konzentriert sich dabei auf die Abfolge von Benutzereingaben (z.B. Menüauswahl, Selektion eines Ikons, Mehrfachselektion im Navigator, Betätigen einer Schaltfläche), dargestellt als Sechsecke, und Systemreaktionen durch Öffnen von Fenstern oder Dialogboxen, dargestellt als Rechtecke (vgl. Anhang C).

Aus der Gegenüberstellung der beiden Dialogbäume wird deutlich, daß die Tiefe des Dialogbaumes verringert werden konnte. Über den Navigator können die wahlfreien Dialogäste sehr leicht angegangen werden, wodurch sich tiefe Dialoge für gering strukturierte Abläufe vermeiden lassen.

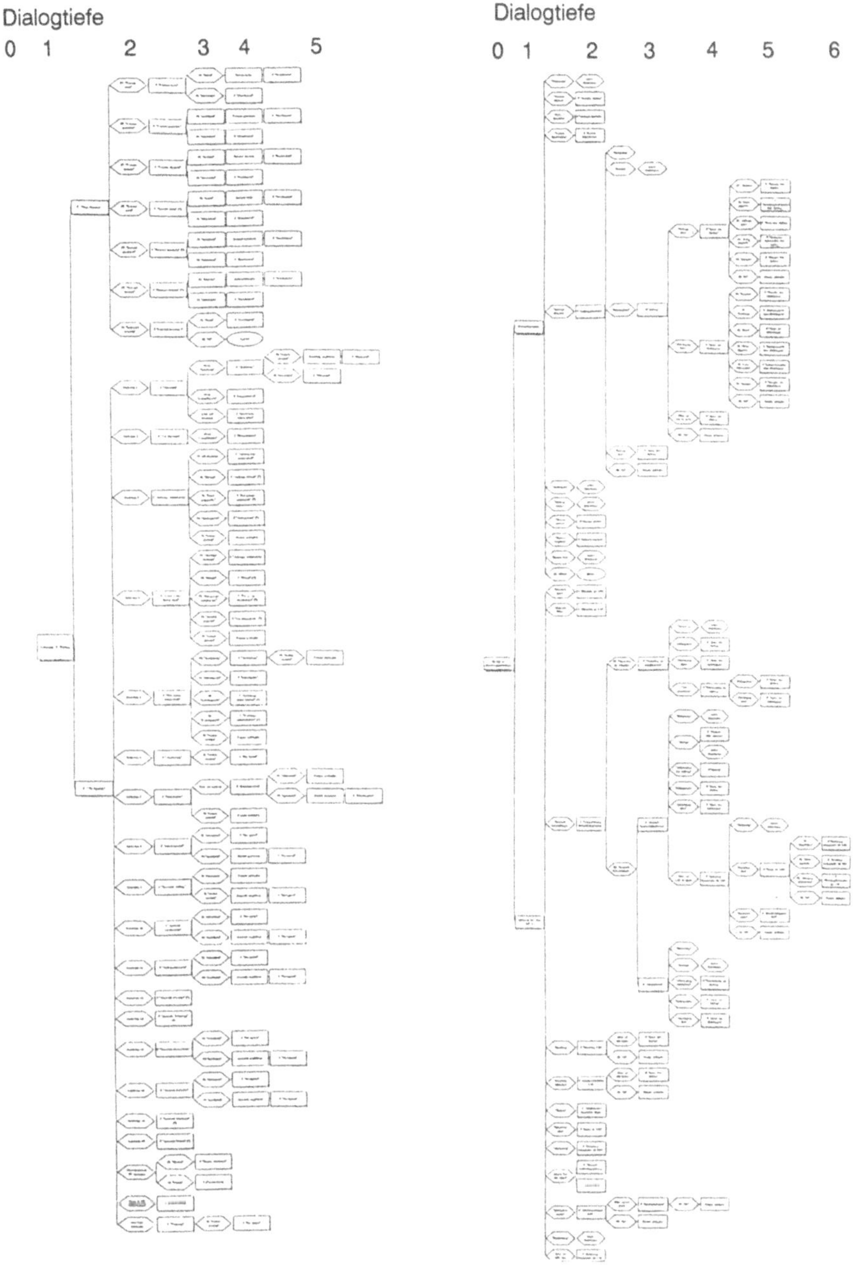

Bild 62: Gegenüberstellung der Dialogtiefe von Leitständen mit Benutzerwerkzeugen (links) und ohne Benutzerwerkzeuge (rechts)

9. ZUSAMMENFASSUNG UND AUSBLICK

In der vorliegenden Arbeit wurde ein Beitrag zur benutzer- und aufgabenangemessenen Gestaltung von Fertigungssteuerungs-Leitständen geleistet. Das Konzept sieht die Verwendung von Benutzerwerkzeugen vor, wodurch eine dem Benutzer angemessene Strukturierung der Benutzungsoberfläche entsteht.

Die Untersuchung von am Markt befindlichen Leitständen ergab, daß die Erfüllung arbeitswissenschaftlicher Gestaltungserfordernisse nicht gegeben ist. Insbesondere wurde bei zunehmender Funktionalität neuer Leitstände eine deutliche Abnahme der Bedienungstransparenz festgestellt.

Das, in der vorliegenden Arbeit aufgestellte, Konzept der Benutzerwerkzeuge stellt umsetzbare Gestaltungsempfehlungen für die funktionale Ebene der Mensch-Rechner- Schnittstelle zur Verfügung. Dies ist besonders dringlich, da diese Ebene bisher kaum durch geeignete Gestaltungsempfehlungen unterstützt wurde.

Durch die Verwendung von Benutzerwerkzeugen ist es möglich, arbeitswissenschaftlichen Gestaltungsanforderungen besser als bisher gerecht zu werden. Insbesondere wurden folgende Forderungen als besonders wichtig für eine aufgaben- und benutzergerechte Leitstandsgestaltung eingestuft:

- die Forderung nach Ermöglichung vollständiger Tätigkeiten am Leitstand;
- die Forderung nach Berücksichtigung des Erfahrungswissens des Benutzers und der Werkstattmitarbeiter;
- die Forderung nach Anpaßbarkeit der Benutzungsoberfläche entsprechend dem individuellen Arbeitsstil des Benutzers und der von ihm situativ zu bewältigenden Aufgaben;
- die Forderung nach angemessener Unterstützung des Disponenten durch Eingriffsmöglichkeiten in den Planungsvorbereitungsprozeß.

Die Benutzerwerkzeuge sind Bausteine auf der Benutzungsoberfläche (in Abgrenzung zu Funktionsbausteinen aus der funktionalen Sichtweise), über die "der Benutzer die permanente Kontrolle hat und dessen Wirkungen er unmittelbar sehen kann" /17/.

Entsprechend diesen vier Gestaltungsdefiziten wurden Gestaltungsempfehlungen für die Benutzungsoberfläche erarbeitet. Dazugehörig wurden Benutzerwerkzeuge abgeleitet. Diese Benutzerwerkzeuge wurden detailliert betrachtet und in einen Demonstrator eingearbeitet. Am Demonstrator ist es möglich, mehrere Benutzerwerkzeuge in ihrem Zusammenwirken zu betrachten.

Eine Evaluierung des Konzeptes der Benutzerwerkzeuge ergab, daß es mit Benutzerwerkzeugen möglich ist, die Benutzungsoberfläche angemessen und transparent zu strukturieren. Insbesondere bei einer zunehmenden Daten- und Funktionenmenge am Leitstand ist dies besonders wichtig.

Das in dieser Arbeit erarbeitete, dreistufige Entwicklungskonzept dient als Grundlage für die Entwicklung einer Bibliothek von Benutzerwerkzeugen für den gesamten Bereich der Fertigungssteuerung. Aus dieser Bibliothek werden für konkrete Einsatzfälle spezifische Lösungen für Leitstände konfiguriert, wobei die Vorteile einer Standardlösung mit den Vorteilen einer Individuallösung verbunden werden. Die Benutzerwerkzeuge werden um die funktionale Aspekte des Anwendungsprogrammes erweitert, so daß ausgehend von der Benutzungsoberfläche die Funktionalität strukturiert wird. Die Wartung der Software erfolgt sodann weitgehend auf dem Niveau dieser erweiterten Benutzerwerkzeuge, so daß die Kombinatorik der Werkzeuge als Wissen bei den Anwendern und Benutzern verbleibt. Der Anwender verfügt über Generierungswerkzeuge, mit denen er selbständig für die unterschiedlichen Benutzer die Benutzerwerkzeuge gestaltet.

Das entwickelte Konzept bildet die Basis, um die gegenwärtigen Entwicklungsaktivitäten bei Leitstandsanbietern auf die Zielrichtung einer besseren Benutzer- und Aufgabenorientierung zu bringen. Es wird ferner verdeutlicht, daß arbeitswissenschaftliche Gestaltung konform mit softwaretechnisch und ökonomisch sinnvollen Lösungswegen gehen kann.

10. LITERATURVERZEICHNIS

/1/ Der Bundesminister für Forschung und Technologie; Der Bundesminister für Arbeit und Sozialordnung; Der Bundesminister für Bildung und Wissenschaft (Hrsg.): Forschungs- und Entwicklungsprogramm Arbeit und Technik. Bonn, November, 1989.

/2/ Commission of the European Communities (Hrsg.): Background Material to the 1991 ESPRIT Workprogramme. Brüssel, 12th June 1991.

/3/ Hars, A.; Scheer, A.-W.: Stand und Entwicklungstendenzen von Leitständen. In: Fertigungsteuerung. Expertenwissen für die Praxis / Hrsg. von A.-W. Scheer. München, Wien: Oldenbourg, 1991, S. 247- 268.

/4/ Warnecke, H.J.: Der Produktionsbetrieb. Eine Industriebetriebslehre für Ingenieure. Berlin, Heidelberg, New York, Tokio: Springer, 1984.

/5/ o.V.: User Requirements Catalogue. Part I. Deliverable 1 of ESPRIT-Project 5178. Distributed Management and Coordination of Scheduling Systems in a Multi-Site Production Environment (DISCO), 29. April 1991.

/6/ Numetrix Ltd. (Hrsg.): LINX. Produktinformationen. Toronto, Kanada, 1991.

/7/ Beier, H.H.: Fertigungsleitstand und Fertigungsleittechnik. CIM in der Werkstatt. In: Zeitschrift für wirtschaftliche Fertigung 84 (1988), 3, S. 133-137.

/8/ Lippe, v. J.: Bringt die nächste Leitstand-Generation die Integration? In: Zeitschrift für wirtschaftliche Fertigung und Automatisierung 88 (1990), 12, S. 616- 620.

/9/ Adelsberger, H.H.; Kanet, J.J.: The Leitstand- A new tool for computer-Integrated Manufacturing. In: Production and Inventory Mangement First Quarter 1991, S. 43-48.

/10/ Mertins, K.; Albrecht, R.; Steinberger, V.: Werkstattsteuerung-Werkstattmanagement: Wegweiser für die Einführung. München, Wien: Hanser, 1992.

/11/ Hoff, H.; Hammer, H.J.; Schumann, P.: HIR Marktstudien. Hoff Industrierationalisierung GmbH. 1.Auflage. Wiesbaden, 1990.

/12/ Gerfema mbH (Hrsg.): Montageleitstand zur rationellen Steuerung manueller Montagebereiche. Produktbeschreibung. Chemnitz, 1991.

/13/ Weck, M; Lopez, M.: Konfigurierbare Bedieneroberfläche einer offenen FFS-Steuerungsarchitektur. In: Zeitschrift für wirtschaftliche Fertigung 86 (1991), 1, S. 33- 36.

/14/ Siemens (Hrsg.): GPS Graphisches Planungs- und Steuerungssystem. DV-System zur koordinierten Werkstatt-Planung und -steuerung für die Großteilebearbeitung im Turbinenwerk Wesel, 1990.

/15/ Früchtenicht, H.-W.; Rudolf, M.: atp-Marktanalayse Prozeßleitsysteme, Teil 3: Ergebnisse der Umfrage zum "Stand" der Systeme. In: Automatisierungstechnische Praxis 33 (1991), 9, S. 447- 463

/16/ Scheer, A.-W.: Expertenwissen für die Praxis. München, Wien: Oldenbourg, 1991.

/17/ Oberquelle, H.: MCI- Quo vadis? Perspektiven für die Gestaltung und Entwicklung der Mensch- Computer- Interaktion. In: Software-Ergonomie `91, Benutzerorientierte Softwareentwicklung, 18.-20. März 1991, Zürich / Hrsg. von D. Ackermann und E. Ulich. Stuttgart: Teubner, 1991, S. 9- 24.

/18/ Bullinger, H.-J.; Fähnrich, K.-P.: Benutzerschnittstellen in der Praxis. Seminar der Fa. Hewlett-Packard. Bad Homburg, 7.5.1992.

/19/ Bullinger, H.-J.: Grundsätze der Dialoggestaltung. In: Handbuch der Modernen Datenverarbeitung Software-Ergonomie 22 (1985), 126, S. 21- 29.

/20/ Foley, J.D.; Vam Dam, A.: Fundamentals of Interactive Computer Graphics. Reading u.a.O.: Addison-Wesley, 1982.

/21/ Shneiderman, B.: Designing The User Interface. Strategies For Effective Human-Computer Interaction. Reading u.a.O.: Addison-Wesley, 1987.

/22/ Norman, D.A.: Some Observations On Mental Models. In: Mental Models / Hrsg. von D. Gentner und L.A. Stevens. Hilldale: Erlbaum, 1983.

/23/ Dzida, W.: Das IFIP-Modell für Benutzungsschnittstellen. In: Office Management 1983, 31, S. 6- 8.

/24/ Brödner, P.: Technikzentrierte oder menschenzentrierte Produktion. Alternative Entwicklungspfade in der Fabrik von Morgen. In: Arbeit in der Fabrik der Zukunft / Hrsg. von L. Kamp. Marburg: SP-Verlag 1989, S. 23-41.

/25/ Nullmeier, E.; Rödiger, K.-H.: Dialogsysteme in der Arbeitswelt. Mannheim, Wien, Zürich: BI- Wissenschaftsverlag, 1987.

/26/ Frese, M.: Taxonomie von Fehlern in der Arbeit mit komplexen Software-Paketen, Forschungs- und Entwicklungsvorhaben im Programm Arbeit und Technik, München, 1990.

/27/ Hacker, W.: Software-Gestaltung als Arbeitsgestaltung. In: Software-Ergonomie / Hrsg. von K.-P. Fähnrich. München, Wien: Oldenbourg, 1987, S. 29- 42.

/28/ Manske, F.: Kontrolle, Rationalisierung und Arbeit. Berlin: Edition Sigma, 1991.

/29/ Carbon, M.; Erzberger, H.; Ilg, R.; Kroneberg, M.; Schallock, B.: Grundaussagen zur Technikgestaltung. In: Handbuch der humanen CIM-Gestaltung. Projektergebnisse des Vorhabens: "Aufbereitung von HDA-Gestaltungswissen für das Beratungsangebot der CIM-TT-Stellen" / Hrsg. vom Projektträger Arbeit und Technik. Abschnitt I.4., Berlin, 1991.

/30/ Bauer, J.; Herberg, H. von der; Schwab, T.: Hilfesysteme. In: Software-Ergonomie / Hrsg. von K.-P. Fähnrich. München, Wien: Oldenbourg 1987, S. 118-128.

/31/ Projekträger Arbeit und Technik (Hrsg.): Handbuch der humanen CIM-Gestaltung. Projektergebnisse des Vorhabens: "Aufbereitung von HdA-Gestaltungswissen für das Beratungsangebot der CIM-TT-Stellen". Berlin, 1991.

/32/ Scheer, A.-W.; Zell, M.: Benutzergerechte Fertigungssteuerung. In: CIM-Management 1989, 6, S. 72- 78.

/33/ DIN 66234 Teil 8: Bildschirmarbeitsplätze - Grundsätze ergonomischer Dialoggestaltung. Berlin: Beuth, 1988.

/34/ ISO 9241 (Vorentwurf): Ergonomic Requirements for Office Work with Visual Display Units, Part 10 - 14.

/35/ Thines, M.: Werkstatt CIM: Die Werkstatt als Kristallisationskeim für die Integration. In: ONLINE 91. Kongressband VII-18 / Hrsg. von U.Nedes. Velbert: Online, 1991.

/36/ Oetinger, R.: Die Benutzerschnittstelle in einer CIM-Umgebung. In: Information Management 1989, 3, S. 28- 36.

/37/ VDI 5005: VDI-Richtlinie Bürokommunikation: Software-Ergonomie in der Bürokommunikation / Hrsg. vom Verein Deutscher Ingenieure. Berlin: Beuth, Oktober 1990.

/38/ Ziegler, J.; Ilg, R.: Techniken der direkten Manipulation für die Benutzerschnittstellengestaltung. In: Handbuch der Modernen Datenverabeitung "Software-Ergonomie" 28 (1985), 160, S. 48- 64.

/39/ Paap, K.R.; Roske-Hofstrand, R. J.: Design of Menus. In: Handbook of Human- Computer Interaction / Hrsg. von M. Helander. Kapitel 10, S. 205- 235.

/40/ Odgen, W. C.: Using Natural Language Interfaces. In: Handbook of Human- Computer Interaction / Hrsg. von M. Helander. Kapitel 13, S. 281- 299

/41/ Smith, S. L.; Mosier, J.N.: Guidelines of Designing User Interface Software. MITRE, Bedford, 1986.

/42/ APPLE Computer Inc. (Hrsg.): Human Interface Guidelines: The Apple Desktop Interface. Cupertino, 1986.

/43/ IBM (International Business Machine) (Hrsg.): System Application Architecture: Common User Access (SAA; CUA), Advanced Interface Design Guide, 1989.

/44/ Lauter, B.: Software-Ergonomie in der Praxis, Software anwenderfreundlich schreiben. München, Wien: Oldenbourg, 1987

/45/ Tullis, T.S.: Screen Design. In: Handbook of Human- Computer Interaction / Hrsg. von M. Helander. Kapitel 18, S. 377-411.

/46/ Fähnrich, K.-P.; Gayler, M.; et al.: HUFIT: Human Factors In Information Technology. ESPRIT Projekt 385, Final Report, December 1989.

/47/ Oppermann, R.: Ansätze zur individualisierten Systemnutzung durch manuell und automatisch anpassbare Software. In: Software für die Arbeit von morgen / Hrsg. von M. Frese; Chr. Kasten; C. Skarpelis, C.; B. Zang-Scheuer. Berlin u.a.: Springer, 1991, S. 81-92.

/48/ Schrick, G.: Produktionsplanung und Steuerungssysteme (PPS-Systeme) aus arbeitswissenschaftlicher Sicht. Entwicklungen- Erfahrungen- Gestaltungsanforderungen. Arbeitswissenschaftliche Reihe Band 2. Kassel: Verlag GhK- Forschungsgruppe Arbeitswissenschaft, 1990.

/49/ Böger, S.; Weidauer, J.; Wünsch, B.: GB-Soft. Methode zur Gestaltung und Bewertung des Nutzerinterfaces von Steuerungssoftware. Entwurf. Chemnitz, Technische Universität, 1990.

/50/ Chapanis, A.: Specifying Human-Computer Interface Requirements. In: Behaviour & Information Technology. 9 (1990), 6, S. 479- 492.

/51/ Projektträger Arbeit und Technik (Hrsg.): TASK, Aufgaben- und benutzerangemessene Gestaltung von Software. Vorphase. Abschlußbericht. Stuttgart, 1991.

/52/ Friedrichs, P.; Gromotka, W.: Fertigungsleitsysteme, Marktübersicht und Erläuterungen. In: VDI-Z 130 (1988), 11, S. 41- 47

/53/ o.V.: Stand der Kunst bei Elektronischen Leitständen. In: CIM-Management 1988, 2, S. 38- 45.

/54/ Kroneberg, M.: Grafische Leitstand-Systeme, Marktübersicht, Funktionsweisen und Grafikgestaltung. In: Grafische Unterstützung der Planung und Steuerung in der Produktion, Fachkongreß, 9.-10. Mai 1989, München / Hrsg. von Techno Congress GmbH. München, 1989.

/55/ o.V. : BDE Funktionalität von Leitständen. In: CIM- Management 1990, 3, S.59- 63.

/56/ Ploenzke Informatik GmbH (Hrsg.): Fertigungsleitstand-Report. Wiesbaden, 1990.

/57/ Aupperle, G.: Leitstandssysteme. In: Erfahrungen mit Werkstattinformationssystemen in der CIM-Umgebung, 27. November 1991, Stuttgart / Hrsg. vom CIM-Technologietransferzentrum Stuttgart, 1991.

/58/ Kroneberg, M.: Entwurf von Regelbausteinen für PEARL- Automatisierungsprogramme begrenzten Aufgabenumfangs. Stuttgart, Universität, IVD-Institut Abt. S/A, Studienarbeit, 1982.

/59/ Röhrich, T.: Leittechniksystem- Unabhängiges Strukturierungs- und Programmierungssystem. Verknüpfung von Standardfunktionsbausteinen und höheren Automatisierungs-Algorithmen. Stuttgart, Universität, Diss.,1985.

/60/ Kroneberg, M.: Design and Modification of Bi-Cubic Surface Patches. Madison (USA), University of Wisconsin, Studienarbeit, 1983.

/61/ ISA GmbH (Hrsg.): ProMon. Benutzerhandbuch. Stuttgart, 1991.

/62/ infor GmbH (Hrsg.): Produktbeschreibung infor-CIM-Leitstandsystem. Karlsruhe, 1990.

/63/ Kroneberg, M.: Arbeitswissenschaftliche Aspekte. In: Huthmann, A.; Kroneberg, M.; Otterbein, T.; Vöge, M.: Marktrecherche. Bericht im BMFT-Projekt Leitstände für die Werkstattsteuerung (PLANLEIT). Stuttgart, Universität, Institut für Arbeitswissenschaft und Technologiemanagement, 1992, S. 39- 95.

/64/ Gorny, P. ; Viereck, A.: EXPOSE. Ein Software-Ergonomie-Expertensystem. In : Software-Ergonomie 91, Benutzerorientierte Softwareentwicklung, 18.-20. März 1991, Zürich / Hrsg. von D. Ackermann; E. Ulich. Stuttgart: Teubner, 1991, S. 152- 161.

/65/ Eichener, V.: Normungsbedarf für CIM-Benutzungsschnittstellen. Arbeitspapier Sonderforschungsbereich 187. Bochum, Universität, 1990.

/66/ Richter, K.: Leitstand-Checkliste für die Evaluierung von Leitständen unter Aufgaben-, Funktions- und softwareergonomischen Aspekten. Stuttgart, Universität, Institut für Arbeitswissenschaft und Technologiemanagement, Diplomarbeit, Juli 1991.

/67/ Volpert, W.: Computer Aided Taylorism. Die Fortsetzung der Persönlichkeitszerstörung am Arbeistplatz mit anderen Mitteln. In: Dialogsysteme in der Arbeitswelt / Hrsg. von E. Nullmeier und K.-H. Rödiger. Mannheim, Wien, Zürich: BI- Wissenschaftsverlag, 1987, S. 47- 59.

/68/ o.V.: Pflichtenheft Funktionskette CNC/PPS (Funktionen/ Benutzungsoberfläche) für den Bereich Drehen/ Fräsen. In: Computergestützte erfahrungsgeleitete Arbeit (CeA) / Hrsg. vom Projektträger Arbeit und Technik. Zwischenbericht. April 1992.

/69/ Schmager, B.; Wirth, S.: Informationsaustausch in der Werkstattfertigung. In: VDI-Zeitung 133 (1991), 1, S. 65- 70.

/70/ Projektträger Arbeit und Technik (Hrsg.): Computergestützte erfahrungsgeleitete Arbeit (CeA). Berichte und Zwischenergebnisse des Projektes CeA (Computer unterstützte, erfahrungsgeleitetes Arbeiten). Tagung, Dresden, 10./11.Oktober 1991.

/71/ Martin, H.; Kötter, W.: MMK `91 - Moderatorenpapier zur Arbeitsgruppe 2: Berücksichtigung des impliziten Erfahrungswissens des Benutzers bei der Entwicklung von Soft- und Hardware. Barnstorf, Oldenburg, 1991.

/72/ Rose, H.: Grundaussagen zur Rolle des Erfahrungswissens. In: Handbuch der humanen CIM-Gestaltung. In: Projektergebnisse des Vorhabens "Aufbereitung von HDA-Gestaltungswissen für das Beratungsangebot der CIM-TT-Stellen" / Hrsg. vom Projektträger Arbeit und Technik. Berlin 1991. Abschnitt I.2.

/73/ Plapp, C.: Detaillierte Kapazitätsplanung und Reihenfolgeoptimierung unterstützen die Fertigungssteuerung. In: Zeitschrift für wirtschaftliche Fertigung 86 (1991), 11, S. 542- 545.

/74/ Mertins, K.; Schallock, B.: Wissensbasierte Werkstattsteuerung. In: Zeitschrift für wirtschaftliche Fertigung 85 (1990), 8, S. 431- 434.

/75/ Baumgärtel, W.: Konzipieren und Einführen einer rechnerunterstützten Fertigungssteuerung. In: Zeitschrift für wirtschaftliche Fertigung 86 (1991), 2, S. 80-83.

/76/ Otterbein, T.: Objektorientiertes Datenmodell als Basis für den Fertigungsleitstand der nächsten Generation. In: ONLINE 91. Kongressband VIII. Velbert: Online 1991.

/77/ Huthmann, A.; Ziegler, J.: Leitstand Systems - Planning Support and Cognitive Issues. In: Designing for Everyone, 11th Congress of the International Ergonomics Association (IEA) / Hrsg. von Y. Queinnec et al. London, New York, Philadelphia: Taylor & Francis, 1991, S. 1294- 1296

/78/ Reisch, S.; Lutze, F.-W.; Mertins, K.; Albrecht, R.: Industrielle Softwareproduktion für die Fertigungsleittechnik. In: Zeitschrift für wirtschaftliche Fertigung 86 (1991), 2, S. 65- 69.

/79/ Niehaus, T.: EDV-Lösungen für den Werkstattbereich aufgabenangepaßt entwickeln. In: VDI-Z 132 (1990), 10, S. 66-70.

/80/ Ehn, P.; Kyng, M.: A Tool Perspective on Design of Interactive Computer Support for Skilled Workers. Aarhus, University, Computer Science Departement, DAIMI PM-190, 1985 (zitiert nach /17/).

/81/ Herczeg, M.: Anforderungen und Konstruktionsprinzipien für zukünftige Benutzerschnittstellen. In: Computer Magazin 14 (1985), 10, S. 51- 55.

/82/ Jansen, Ch.: Eine objektorientierte Architektur für direkt manipulative, verteilte Bürosysteme. Hamburg, Universität, Fachbereich Informatik, Diplomarbeit, Dezember 1989.

/83/ Fähnrich, K.-P.: Vorgehensweise zur Gestaltung großer Anwendungssysteme- Dialogestaltung. In: Handbuch der Modernen Datenverarbeitung, Software-Ergonomie, 22 (1985), 126, S. 31- 44.

/84/ Projektträger Arbeit und Technik (Hrsg.): TASK, Aufgaben- und benutzerangemessene Gestaltung von Software. Hauptphase, Zwischenbericht. Juli 1991.

/85/ Verein Deutscher Ingenieure (Hrsg.): VDI-Taschenbuch T 77. Berlin: Beuth, 1983.

/86/ Deutsche Institut für Normung e.V. (Hrsg.): Schnittstellen der rechnerintegrierten Produktion - Fertigungssteuerung und Auftragsabwicklung. Fortschrittsbericht. Stand der Technik - Ziele in Forschung, Entwicklung und Normung. Kommission Computer Integrated Manufacturing (CIM). 1. Auflage. Berlin, Köln: Beuth 1989.

/87/ Rödiger, K,-H.: Das Arbeitsanalyseverfahren VERA/B in der Softwareentwicklung. In: Dialogsysteme in der Arbeitswelt / Hrsg. von E. Nullmeier; K.-H. Rödiger. Mannheim, Wien, Zürich: BI- Wissenschaftsverlag, 1987, S. 185- 204.

/88/ Chen, P.P.-S.: The Entity -Relationship Model. Towards a unified view of data. In: ACM Transaction on Database Systems 1986.

/89/ Bünz, D.: Die GRAI-Methode. In: CIM-Management 1987, 4, und 1988, 2.

/90/ McMenamin, M.; Palmer, J.F.: Strukturierte Systemanalyse. München, Wien: Hanser, 1988.

/91/ Möckesch, G.: Konzeption und Realisierung eines strategischen, integrierten Gesamtplanungs- und Bearbeitungssystems zur Optimierung der Drehteilorganisation für auftragsbezogene Drehereien. In: Forschungsberichte aus dem Institut für Werkzeugmaschinen und Betriebstechnik der Universität / Hrsg. von H. Weule. Karlsruhe, Band 8, 1986.

/92/ Mertins, K.: Einsatz von CASE-Tools in der Fertigungssteuerung. In: PPS `91 / Hrsg. von AWF-Ausschuß für Wirtschaftliche Fertigung e.V., Böblingen, 6.-8. November 1991.

/93/ Schönthaler, F.; Németh, T: Software- Entwicklungswerkzeuge: Methodische Grundlagen. Stuttgart: Teubner, 1990.

/94/ Oberquelle, H.: Sprachkonzepte für benutzergerechte Systeme. Berlin u.a.: Springer, 1987.

/95/ Keil- Slawik, R.: Konstruktives Design. Ein ökologischer Ansatz zur Gestaltung interaktiver Systeme. Berlin, Technische Universität, Habil., 1990.

/96/ Gottschalch, H.: Den Facharbeitern und Meistern über die Schultern geschaut. PLANLEIT Arbeitspapier, Bremen, 31. Oktober 1991.

/97/ Mertins, K.; Schallock, B.: Wissen speichern. Optimales Planen und Steuern der Werkstattaufträge mit Hilfe eines Expertensystems. In: Maschinenmarkt, 97 (1991), 20, S. 34-40.

/98/ Paul, H.: Implizites Erfahrungswissen bei der Arbeit mit interaktiven Systemen. In: Software-Ergonomie 1992, 15, S. 2-9.

/99/ Herrmann, T.: Intervenierende Benutzung als Paradigma für die Gestaltung der Mensch-Computer-Interaktion. In: Die Zukunft der Informationssysteme. Lehren der 80er Jahre / Hrsg. von A. Schulz. Berlin u.a.O.: Springer 1986, S. 588- 597.

/100/ Oppermann, R.: Ansätze zur individualisierten Systemnutzung durch manuell und automatisch anpassbare Software. In: Software für die Arbeit von morgen / Hrsg. von M. Frese; Chr. Kasten; C. Skarpelis, C.; B. Zang-Scheuer. Berlin-Heidelberg u.a.O.: Springer, 1991, S. 81- 92.

/101/ Friedrich, J.: Adaptivität und Adaptierbarkeit informationstechnischer Systeme in der Arbeitswelt, zur Sozialverträglichkeit zweier Paradigmen. In: Gesellschaft für Informatik - 20. Jahrestagung, Informatik auf dem Weg zum Anwender / Hrsg. von A. Reuter. Proceedings. Stuttgart, Oktober 1990, S. 178 - 191.

/102/ Strack, M.: Organisatorische Gestaltung einer zentralen Werkstattsteuerung. Aachen, Technische Hochschule, Diss., 1987.

/103/ Brödner, P.; Pekruhl, U.: Rückkehr der Arbeit in die Fabrik. Wettbewerbsfähigkeit durch menschenzentrierte Erneuerung kundenorientierter Produktion / Hrsg. von Institut für Arbeit und Technik- Wissenschaftszentrum Nordrhein-Westfalen. Gelsenkirchen, 1991.

/104/ Scheer, A.-W.; Herterich, R.; Zell, M.: Interaktive Fertigungssteuerung teilautonomer Bereiche. In: Interaktive betriebswirtschaftliche Informations- und Steuerungssysteme / Hrsg. von K. Kurbel; P. Mertins, A-W. Scheer. Berlin, New York: de Gruyter 1989, S. 41-68.

/105/ Schmager, B.; Slebos, F.; Wandke, C.: Entscheidungsunterstützung für den Produktionsablaufplaner. In: Zeitschrift für wirtschaftliche Fertigung 86 (1991), 11, S. 546- 550.

/106/ Spur, G.; Specht, D.; Meyer, M.: Software-ergonomische Schnittstelle für Ingenieurdatenbanken. In: Zeitschrift für wirtschaftliche Fertigung 86 (1991), 12, S. 588- 592.

/107/ Paetau, M.: Zur Relevanz individualisierbarer Software in neueren Gestaltungskonzeptionen der Büroarbeit. In: Software für die Arbeit von morgen / Hrsg. von M. Frese; Chr. Kasten; C. Skarpelis, C.; B. Zang-Scheuer. Berlin u.a.: Springer 1991, S. 253- 264.

/108/ Köchling, A.: Kaufmännisches Büro. In: Handbuch der humanen CIM-Gestaltung. Abschnitt II.1. In: Projektergebnisse des Vorhabens: "Aufbereitung von HDA-Gestaltungswissen für das Beratungsangebot der CIM-TT-Stellen" / Hrsg. vom Projektträger Arbeit und Technik. Berlin 1991.

/109/ Nietsch, M.; Nietsch, T.; Rautenstrauch, C.; Rinschede, M.; Siedentopf, J.: Anforderungen an einen elektronischen Leitstand. In: FB/IE Fortschrittliche Betriebsführung 40(1991), 5, S. 266- 272.

/110/ Franken, R.: Objektorientierte Gestaltung von Planungsunterstützungssystemen der Produktionsplanung. In: Wirtschaftsinfomatik 32 (1990), 3, 253- 262.

/111/ Raether, C.: Systeme der kurzfristigen Fertigungssteuerung in teilautonomen Fertigungsbereichen. In: Produktionsplanungs- und -steuerungssystem im Mittelstand. Entwicklungstrends aus Sicht der Anwender / Hrsg. von Landesgewerbeamt. Stuttgart, 1./2. Dezember 1988, S. 113- 139.

/112/ Keen, P.G.W.: Decision Support Systems: The Next Decade. In: Decision Support Systems. 1987,3, S. 253- 265.

/113/ Keen, P.G.W.; Morton, M.S.: Decision Support Systems. An Organisational Perspective. London u.a.O.: Addison- Wesley, 1978.

/114/ dispo GmbH (Hrsg.): Informationsmaterial über dispo-Leitstand. Arnsberg 1988

/115/ PSI GmbH (Hrsg.): Informtionsmaterial über PIUSS-O Leitstand. Berlin 1991

/116/ Havermann, H.; Stein, H.: Einsatz wissensbasierter Komponenten in einem CIM-Leitstand. In: Handbuch der modernen Datenverarbeitung. 1989, 147.

/117/ Huthmann, A.; Lippe, J.: Planungsstrategien für die Fertigungsfeinsteuerung in einem objektorientierten Leitstand: Fallstudien aus der Praxis. In: ONLINE 91. Kongressband VII / Hrsg. von U.Nedes. Velbert: Online, 1991.

/118/ Rundel, P.: Gestaltungskonzept eines elektronischen Leitstandes für die Fertigungssteuerung. Stuttgart, Universität, Institut für Industrielle Fertigung und Fabrikbetrieb, Studienarbeit, 1989.

/119/ Balzert, H.: Trends und Perspektiven der Software-Ergonomie. In: Einführung in die Software- Ergonomie / Hrsg. von H. Balzert; H. U. Hoppe; R. Oppermann; H. Peschke; G. Rohr; N.A. Streitz. Berlin, New York 1988, S. 345- 374.

/120/ ISA GmbH (Hrsg.): ISA Dialog Manager Benutzerhandbuch. Release A1.01.04.. Stuttgart, 11.7.1991.

/121/ TeleUSE Reference Manual. TeleUSE Reference Manual 2.0. TeleUse REF-1665-V1.3., 1991.

/122/ Hübner, W.: Entwurf graphischer Benutzungsschnittstellen: ein objektorietiertes Interaktionsmodell zur Spezifikation graphischer Dialoge. Berlin u.a.O.: Springer 1990.

/123/ SAP GmbH (Hrsg.): RM-DASS, Leitstand DASS. Walldorf, 1992.

/124/ NCR GmbH (Hrsg.): INLINE2. Augsburg, 1991.

/125/ mbp GmbH (Hrsg.): factory TOWER. Dortmund, 1992.

/126/ Hübner, W.: Entwurf graphischer Benutzungsschnittstellen: ein objektorientiertes Interaktionsmodell zur Spezifikation graphischer Dialoge. Berlin u.a.O.: Springer, 1990.

/127/ Neelamkavil, F.: Methods for the development of man-machine interfaces with application in CIM. In: Computer-Aided Engineering Journal 1989, April, S. 59- 64.

/128/ Klittich, M.: From CIM to CIM-OSA - a step ahead in system integration. In: Computer Integrated Manufacturing. Proceedings of the Seventh CIM- Europe Annual Conference / Hrsg. von R.Vio und W. Van Puymbroeck. Turin, 29./21. Mai 1991, S. 55- 65.

/129/ Mertins, K.: Einsatz von CASE-Tools in der Fertigungssteuerung. In: PPS `91 / Hrsg. von AWF-Ausschuß für Wirtschaftliche Fertigung e.V., Böblingen 6.-8. November 1991.

/130/ Kieback, A.; Lichter, H.; Schneider-Hufschmidt, M.; Züllighoven, H.: Prototyping in der industriellen Software-Produktion. Erfahrungen und Analysen. In: Informatik- Spektrum (15)1992, 2, S. 65-77.

/131/ Wallmüller, E.: Software-Qualitätssicherung in der Praxis. München, Wien: Hanser, 1990.

/132/ Bass, L.; Coutaz, J.: Developing Software For User Inteface. Reading u.a.O. : Addison- Wesley 1991.

/133/ Köhler, C.: Nutzungsformen elektronischer Leitstände, Ergebnisse einer Anbieterbefragung. In: Werkstattoffene CIM-Konzepte, Alternativen für CAD/CAM und Fertigungssteuerung / Hrsg. von M.v. Behr; C. Köhler,. Projektträger Fertigungstechnik, Forschungsbericht KfK-PFT 157, Mai 1990.

/134/ Wiest, R.: Konzeption und Implementierung einer GANTT- Visualisierung der Plantafel für Fertigungsleitstände unter C++ und X-Window- System - OSF/ MOTIF. Stuttgart, Universität, Institut für Industrielle Fertigung und Fabrikbetrieb, Diplomarbeit, 1991.

/135/ Vayhinger, H.: Gestaltung eines graphisch-interaktiven Leitstands für die Fertigungssteuerung mittels evolutionären Prototyping unter Verwendung von Software- Tools. Stuttgart, Universität, Institut für Industrielle Fertigung und Fabrikbetrieb, Diplomarbeit, 1991.

/136/ Albicker, C.: Ein Arbeitsplaneditor zur interaktiven Eingabe und Modifikation von Arbeitsplandaten auf objektorientierter Basis. Stuttgart, Universität, Institut für Industrielle Fertigung und Fabrikbetrieb, Diplomarbeit,1989.

/137/ Wentges, J.: Spezifikation und Implementierung von Benutzerwerkzeugen für einen Steuerungsleitstand. Arbeitsplaneditor, Auftragsverfolgung nach dem Boxenprinzip. Stuttgart, Universität, Institut für Industrielle Fertigung und Fabrikbetrieb, Diplomarbeit, August 1992.

/138/ Cesari, M.: Concept for a Leitstand Application at a Machine Tool Factory. Fraunhofer-Institut IAO, Stuttgart / Polytechnicum Mailand, Diplomarbeit, 1992.

/139/ ISA GmbH (Hrsg.): ISAplan. Benutzerhandbuch. Stuttgart, 1991.

11. Anhang A: Checkliste für die Evaluierung von Leitständen

Abgeleitet aus der VDI-Richtlinie 5005 /37/ wurde eine "Checkliste für die Evaluierung von Leitständen unter aufgaben-, funktions- und softwaretechnischen Aspekten" /66/ erstellt. Diese dient dem strukturierten Vorgehen beim Vergleich von Leitständen. Auf Basis dieser Checkliste wurde die Relevanz der im Anhang B beschriebenen detaillierten Untersuchungspunkte festgestellt und ausgebaut.

11.1. Bestandteile der Leitstand-Checkliste

Die nachfolgenden Erläuterungen der einzelnen Positionen der Leitstands-Checkliste beziehen sich auf die Numerierungen in Bild 63.

1. Die Zuordnung der Leitstand-Checkliste entsprechen den vier Abstraktionsebenen des Modellrahmens der VDI-Richtlinie 5005.

2. Das Kriterium entspricht dem Gestaltungs- und Bewertungskriterium, das sich aus einem Hauptkriterium der VDI-Richtlinie 5005 ergibt.

3. Die visuelle Orientierungshilfe bezüglich der Gliederung dient zur besseren Einordnung in den Modellrahmen, zur leichteren Zuordnung der einzelnen Gliederungspunkte und als Hilfe zum einfachen Auffinden einzelner Gliederungspunkte der Leitstand-Checkliste.

4. Unter dem Gegenstand ist der einzelne Untersuchungspunkt bzw. Fragenkomplex zu verstehen, der unter dem jeweiligen Kriterium des Modellrahmens zu finden ist.

5. Die Prüffrage beschreibt den konkreten Untersuchungspunkt. Anhand der Prüffragen werden die einzelnen Eigenschaften der Benutzerschnittstelle getestet. Die Prüffragen sind inhaltlich dem Modellrahmen entsprechend geordnet. Dies verbessert das inhaltliche Verständnis der einzelnen Prüffragen, unterstützt die Suche nach einzelnen Eigenschaften, die durch Prüffragen abgedeckt sind, und hilft bei der Feststellung der Vollständigkeit der Prüffragensammlung.

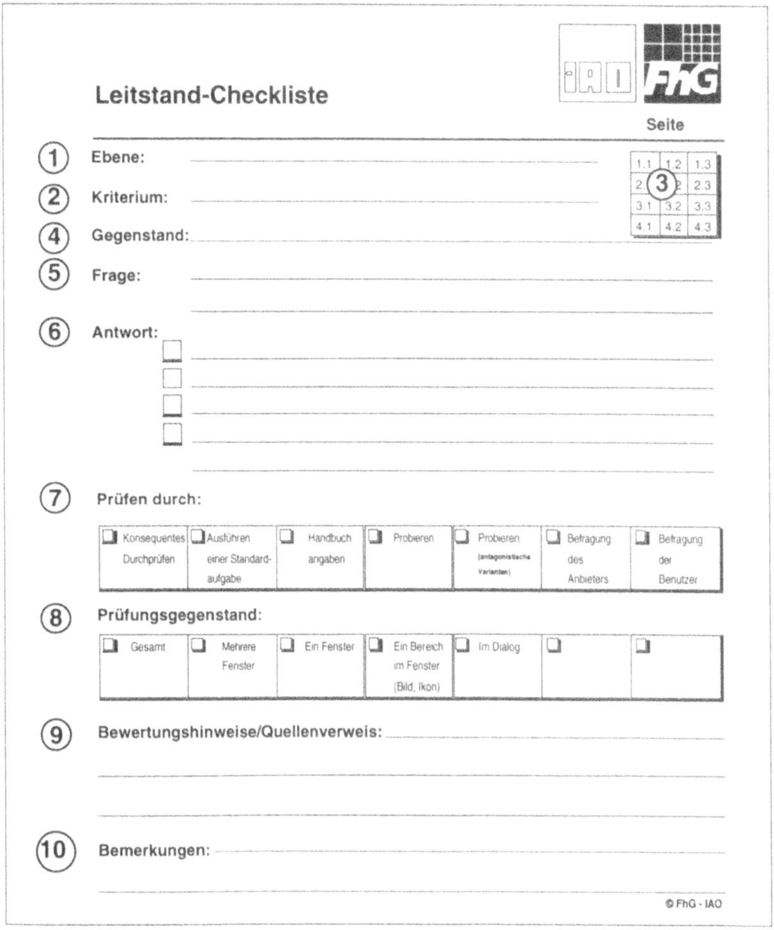

Leitstand-Checkliste

IAO FhG

Seite

1.1	1.2	1.3
2.1	2.2	2.3
3.1	3.2	3.3
4.1	4.2	4.3

(1) Ebene:

(2) Kriterium:

(3)

(4) Gegenstand:

(5) Frage:

(6) Antwort:

☐

☐

☐

☐

(7) Prüfen durch:

☐ Konsequentes Durchprüfen	☐ Ausführen einer Standard-aufgabe	☐ Handbuch angaben	☐ Probieren	☐ Probieren (antagonistische Varianten)	☐ Befragung des Anbieters	☐ Befragung der Benutzer

(8) Prüfungsgegenstand:

☐ Gesamt	☐ Mehrere Fenster	☐ Ein Fenster	☐ Ein Bereich im Fenster (Bild, Ikon)	☐ Im Dialog	☐	☐

(9) Bewertungshinweise/Quellenverweis:

(10) Bemerkungen:

© FhG - IAO

Bild 63: Arbeitsblatt der Leitstand-Checkliste (mit Zusatznumerierung)

6. Die Antwortvorgaben sollen dem Prüfer die Arbeit etwas erleichtern, indem eine Abgrenzung möglicher Antworten gegeben wird. Dies soll aber keine Einschränkung darstellen, sondern dem Prüfer soll damit eine grobe Orientierungshilfe für die Beantwortung gegeben werden, die ihn bei seinem Prüf- und Beantwortungsverhalten leiten soll. Zusätzlich kann der Prüfer durchaus eigene Anmerkungen abgeben.

7. Die Prüfungsvorschrift zeigt dem Prüfer die Vorgehensweise, mit der er die jeweilige Frage beantworten kann. Sie gibt an, welche bestimmten Operationen mit dem System durchzuführen sind, die speziell der Beantwortbarkeit der Prüffragen dienen. Die Prüfungsvorschriften lassen sich in 6 verschiedene Kategorien einteilen:

- Konsequentes Durchprüfen: Hierbei sind alle relevanten Systemkomponenten auf die Prüffrage hin zu untersuchen.
- Handbuchangaben: Soweit vorhanden lassen sich auch Angaben aus dem Handbuch für die Beantwortung der Prüffragen verwenden.
- Probieren: Einige Prüffragen lassen sich durch leichtes Ausprobieren beantworten. Dabei kann es auch sinnvoll sein, die Gegenfrage zu beantworten, indem man die entgegengesetzte (antagonistische) Frage versucht zu beantworten (z.B. bei dem Trennzeichen für die Dezimalschreibweise "Komma", "Punkt").
- Befragung des Anbieters: Der Systementwickler bzw. der Systemanbieter kann bei der Beantwortung einiger Fragen sehr hilfreich sein.
- Befragung der Benutzer: Einige Merkmale lassen sich am besten durch die Befragung des Benutzers bzw. auch der Beobachtung des Benutzerverhaltens feststellen.

8. Mit Angabe des Prüfungsgegenstandes wird dem Prüfer der Hinweis gegeben, auf welchen Teil des Systems sich die Prüfungsvorschrift bezieht.

9. Die Bewertungshinweise sind Hilfen für die Interpretation und Bewertung der Prüffragen und der gegebenen Antworten. Sie beruhen auf den vorliegenden Erkenntnissen der Software-Ergonomie. Sie geben an, welche der, in den Antwortvorgaben enthaltenen, Alternativen das zum gegenwärtigen Zeitpunkt besten Schnittstellenmerkmal darstellt, von welchen Bedingungen zu bevorzugende Alternativen abhängen o.ä. Würden diese Hinweise zu umfangreich ausfallen, wird z.T. auf eine dieses Thema betreffende Literatur verwiesen.

10. Unter Bemerkungen wurde Raum für zusätzliche Informationen, Hinweise, Ergänzungen o.ä. gelassen.

11.2. Vorgehensweise

Die Vorgehensweise bei Durchführung einer Leitstand-Evaluation mit Hilfe der Leitstand-Checkliste unterteilt sich in drei Arbeitsschritte Vorbereitung der Prüfung, Durchführung der Prüfung und die Erstellung eines Untersuchungsberichtes (Bild 64).

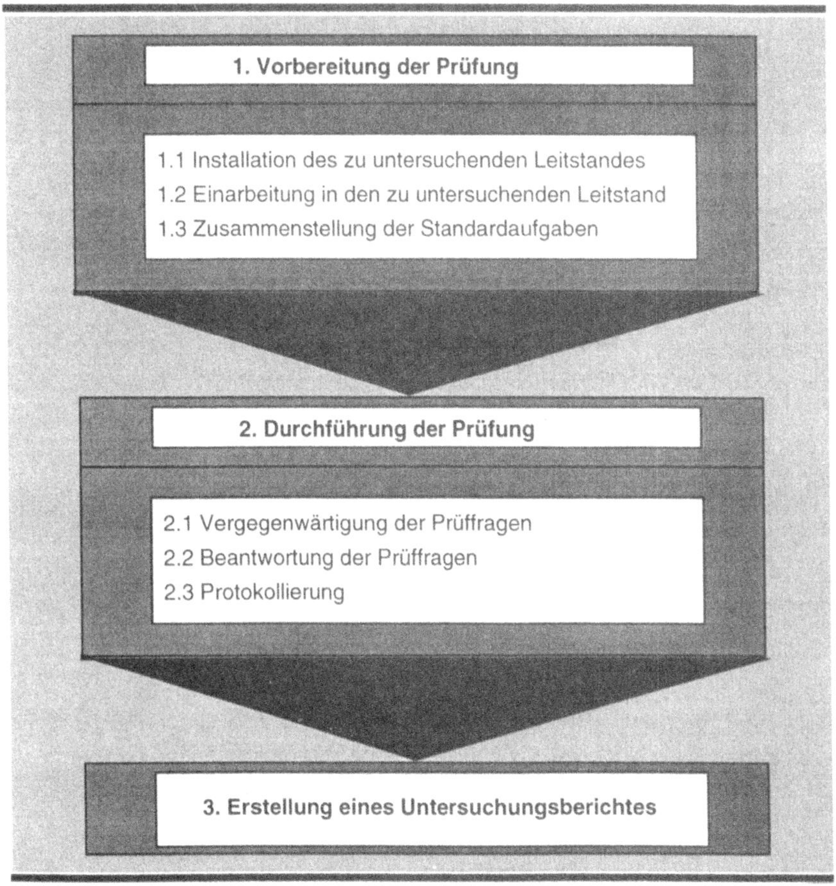

Bild 64: Vorgehensweise für die Evaluierung von Leitständen mit der Leitstand-Checkliste

11.3. Beispielhaftes Arbeitsblatt der Leitstand-Checkliste

Leitstand-Checkliste

Seite 4.3-9

1.1	1.2	1.3
2.1	2.2	2.3
3.1	3.2	3.3
4.1	4.2	4.3

Ebene: 4. Ein-/Ausgaben-Ebene

Kriterium: 4.3 Aufgabengerechte Informationsein- und -ausgaben

Gegenstand: Zoom-Funktion

Frage: Gibt es eine Zoom-Funktion?

Antwort:

- ☐ ja
- ☐ - auf Zeitachse beschränkt
- ☐ - nicht auf Zeitachse beschränkt
- ☐ - vordefinierte Zoom-Faktoren
- ☐ - frei wählbare Zoom-Faktoren
- ☐ - zoomen ohne Abbrechen der Interaktion
- ☐ - zoomen mit Abbrechen der Interaktion
- ☐ nein, keine Zoom-Funktion
- ☐
- ☐

Prüfen durch:

☐ Konsequentes Durchprüfen	☐ Ausführen einer Standard-aufgabe	☒ Handbuch angaben	☒ Probieren	☐ Probieren (antagonistische Varianten)	☐ Befragung des Anbieters	☐ Befragung der Benutzer

Prüfungsgegenstand:

☐ Gesamt	☒ Mehrere Fenster	☐ Ein Fenster	☐ Ein Bereich im Fenster (Bild, Ikon)	☐ Im Dialog	☐	☐

Bewertungshinweise/Quellenverweis: Die Zoom-Faktoren sollten für den Benutzer frei wählbar sein und die Interaktion sollte man nicht unterbrechen müssen.

Bemerkungen:

Bild 65: Arbeitsblatt der Leitstand-Checkliste "Zoom-Funktion"

12. Anhang B: Arbeitswissenschaftliche Thesen und Untersuchungsgegenstände der arbeitswissenschaftlichen Untersuchung bei Leitständen

Die nachfolgenden arbeitswissenschaftlichen Thesen /63/ beschreiben die Gesichtspunkte für die Gestaltung von Leitständen, die für eine angemessene Funktionsverteilung zwischen Benutzer und Leitstand im Kontext einer angemessenen organisatorischen Einbettung (Mensch- Mensch Aufgabenteilung) besonders wichtig sind. Diese Thesen stellen die Grundlage für die durchgeführte Untersuchung der bestehenden Leitstände dar. Nachfolgend sind in Bild 66 diese Thesen und die relevanten Untersuchungsgegenstände dargestellt.

Arbeitswissenschaftliche Thesen	Untersuchungsgegenstände für Leitstände
1. Benutzerorientierte Anpassbarkeit Der Benutzer muß in der Lage sein, sein eigenes Vorgehen bei der Bearbeitung zu entwickeln. Diese Freiheitsgrade dienen zum einen der Optimierungsmöglichkeit der Bearbeitung (Effizienzsteigerung) und zum anderen der Persönlichkeitsentfalttung. Daher ist eine Anpassung des Leitstands an die Arbeitsweise des Benutzers durch den Benutzer notwendig.	**Wie und mit welchem Aufwand ist eine Anpassbarkeit realisierbar?** • Wahlmöglichkeiten bei der Bearbeitung von Aufgaben (Zwangsabläufe, Parallelisierbarkeit, etc.) • Zusammenfassen von einzelnen Dialogschritten (Automatismus/ Makrobildung, Darstellungsweise, Navigation) • Erlernbarkeit und Bedienbarkeit der Anpassungen • Wahlmöglichkeiten bei der Planung (unterschiedliche Strategien) • Wahl der Dialogtechnik und der Eingabe medien (Maus, Tastatur)
2. Aufgaben- und organisationsorientierte Anpassbarkeit Anpassbarkeit an die betrieblichen Aspekte bzgl. der zu bearbeitenden Aufgaben und der gewünschten Organisation zur Gewährleistung einer leichteren und effizienteren Aufgaben lösung. Dadurch werden die Datenstrukturen, die Programmfunktionalität und die Benutzungsoberfläche (mit Sichten und Bedienung) beeinflußt	**Wie und mit welchem Aufwand ist eine Anpassbarkeit realisierbar?** • Zugrundeliegendes formales Modell für Aufgaben, Daten und Funktionen • Software- Engineering- Konzept (CASE-Methoden und Werkzeuge) • Software-Architektur, Anpassungskonzept und Werkzeuge für Funktionen und Daten • Strukturierung/ Modularisierung der Benutzungsoberfläche • Anpassungskonzept und Werkzeuge für die Benutzungsoberfläche • Portabilität bzgl. Hardware, Betriebssystem, Fenstersystem • Beurteilung des Anpassungsaufwands (bzgl. Zeit, Programmgröße und Kosten)

Arbeitswissenschaftliche Thesen	Untersuchungsgegenstände für Leitstände
3. Angemessener Handlungs- und Entscheidungsspielraum Über- bzw. Unterforderung vom Benutzer findet sich insbesondere dann, wenn der vom Benutzer gewünschte/ erwartete Handlungs-/ Entscheidungsspielraum nicht mit dem am Leitstand vorhandenen übereinstimmt und/oder der Handlungsspielraum der Qualifikation nicht entspricht. Der Handlungsspielraum am Leitstand ist zum einen durch den Planungsumfang und zum anderen durch die vorhandenen Funktionen gekennzeichnet. Voraussetzung zur Nutzung des Handlungs-/Entscheidungsspielraums sind die Durchschaubarkeit und Vorhersehbarkeit des Prozesses. Die Konsequenzen für den Handlungs- / Entscheidungsspielraum der Werkstattmitarbeiter sollten angemesssen berücksichtigt sein.	**Angemessene Gestaltung des Handlungsspielraumes am Leitstand** • Offenheit für organisatorische und qualifikatorische Lösungen des Handlungsspielraums/ Variabilität des Planungsumfangs am Leitstand (Anzahl der möglichen Planungsfreiheitsgrade, wie Planungshorizont, Planungsfeinheit, Möglichkeiten der Alternativbelegung von Ressourcen) • Transparenz der verfügbaren Leitstandsfunktionalität (Strukturierung, Zusammenhang von Handlung und Wirkung, Vorhersehbarkeit, Erklärungsmöglichkeiten) • Eingriffsmöglichkeiten (Zwischenergebnisse mit Wahlmöglichkeiten, unterteilbare Einzelschritte)
4. Flexible Planungsunterstützung Die Planungsunterstützung muß den Bedürfnissen des Benutzers und des Betriebes entsprechend gestaltet sein. Dazu zählt zum einen der Umfang und die Ausgestaltung der Planungsunterstützung und zum anderen die Konfigurierbarkeit der Planungsunterstützung. Software soll dabei als Partner des Benutzers gesehen werden, um die Planungen gemeinsam zu bewerkstelligen.	**Welche Planungsunterstützung gibt es und wie erfolgt sie?** • Art der lösbaren Planungsprobleme • Planungsunterstützungsfunktion: - Konfigurierbarkeit - Planungsverfahren - Trendbestimmung für Termineinhaltung aus rückgemeldeten Betriebsdaten - Simulationsmöglichkeiten mit Variantenver gleich für unterschiedliche Zielgrößen und unterschiedliche Planungsrestriktionen • Aktualisierungsmöglichkeiten: - für vorbereitende Tätigkeiten (Arbeitsplan aktualisieren) - für Stammdaten - für Änderungen im Prozeßablauf, Unterbrechungen bzw. Systemabstürze

Arbeitswissenschaftliche Thesen	Untersuchungsgegenstände für Leitstände
5. Entlastung von Routinetätigkeiten Software soll ein Werkzeug für den Benutzer darstellen, um ihm sinnentleerte, belastende Routinetätigkeiten bei Vor- und Nachbereitungsaufgaben (insbesondere bei Verwaltungs- und Kontrollaufgaben) und bei Planungstätigkeiten abzunehmen.	**Welche Routinetätigkeiten werden unterstützt?** • Datenübernahme und -übergabe • Wiederholung von Dialogschritten und Funktionsaufrufen • Eingaben von Daten in unterschiedlichen Programmteilen • Kontrollprozesse auf niedrigem Niveau (Soll-Ist-Vergleich, automatisches Melden bei definierten Abweichungen) • hoher Verarbeitungsgrad von Betriebsdaten (statistische Auswertung, grafische Darstellung, Trendberechnung)
6. Kooperation/ Kommunikation Die Tätigkeit der Fertigungssteuerung ist eine Informationsbearbeitung und vielfältig in die Organisation des Betriebes eingebunden. Daher sollte ein hohes Maß an Kooperation und bidirektionaler Kommunikation möglich sein. Ohne Kooperation und Kommunikation würden zudem betriebliche Handlungsmöglichkeiten nicht genutzt.	**Kooperations-/ Kommunikationsmöglichkeit** • Verbindung des Leitstands mit anderen Informationssystemen • Vernetzung von Leitständen untereinander • Informationsweitergabe an manuelle Arbeitsplätze • Umfang des Informationsaustausches (Ausdruck, Plots, Mailing, etc.) und der Aufbereitungsmöglichkeiten • Beurteilung der Kommunikationssinnhaftigkeit
7. Grundlegende Orientierung am Mentalen Modell des Benutzers Es soll keine Diskrepanz zwischen dem Handlungsmodell (Mentalen Modell) des Benutzers und dem Anwendungsmodell des Leitstands auftreten.	**Möglichkeiten der ablauf- (prozeß-) orientierten Bearbeitung** • Zuordnung der Bearbeitungsschritte zu dem mentalen Modell (Prozeß-/ Aufgabenorientierung versus Funktionsorientierung) • Funktionsstrukturierung • Orientierung an Realobjekten, -funktionen (Transparenz, Vertrautheit, Benutzeroperationen, Begriffsverwendung)

Arbeitswissenschaftliche Thesen	Untersuchungsgegenstände für Leitstände
8. Vollständige Tätigkeiten (hierarchisch-sequentiell) Tätigkeiten eines Leitstandsbenutzers sollen hierarchisch und sequentiell vollständig sein. Sequentiell vollständig sind Tätigkeiten, wenn Vorbereitungs-, Ausführungs-, Kontroll- und Organisationsteiltätigkeiten vorhanden sind. Hierarchisch vollständig sind Tätigkeiten, wenn ein Wechsel zwischen den verschiedenen Ebenen der Tätigkeitsregulation stattfindet (körperlich-geistig, schöpferisch- routinemäßig).	**Möglichkeitenzu sequentiell vollständigen Tätigkeiten am Leitstand?** Ermöglichung durch entsprechende Mensch-Rechner-Funktionsteilung: • Vorbereitung (Informieren, Auswählen, Modifizieren) • Ausführen/ Planen/ Kommunikation (siehe oben) • Kontrolle eigener Arbeitsergebnisse: - 1. Stufe: Planungsergebnisse prüfen: Simulation durchführen, Maß der Zielerreichung prüfen - 2. Stufe: Prozeßergebnisse prüfen: Planab weichungen, Rückmeldungen analysieren und notwendige Handlungen ableiten • Kontrolle der Planausführung und Fertigungsüberwachung
9. Erfahrungswissen über Planung und Produktionsprozeß Das Erfahrungswissen über das Zusammenspiel zwischen Planung und Produktionsprozeß soll durch entsprechende Funktionalität des Leitstands gefördert werden.	**Möglichkeiten zum Sammeln und Speichern von Erfahrungswissen** • Eingriffsmöglichkeiten bei allen automatisierten Tätigkeiten • Veränderung von übernommenen Daten/ Vorgaben (Stammdaten, Arbeitsplänen) • Eingabe und Ausgabe von Erfahrungswerten für Daten an Benutzer • Eingabe und Ausgabe von Notizen zu Daten und Vorgängen • Möglichkeiten zur Definition von Meldeschranken für Kontrollaufgaben
10. Partizipative Systementwicklung Die Beteiligung der zukünftigen Benutzer an der Systementwicklung sollte so gestaltet sein, daß die Anforderungen und Wünsche der Benutzer in die grundsätzliche Gestaltung einfließen, und daß Möglichkeiten zur Benutzer- und Betriebsspezifischen Anpassbarkeit bestehen (vgl. Punkt 1 und 2).	**Möglichkeiten zur Partizipation von Benutzern** • Möglichkeiten zur schnellen Umsetzung von Anforderungen und Wünschen (Prototyping) • Individualisierbarkeit und Veränderbarkeit des Leitstands durch den Benutzer (siehe Punkt 1) • Explizite Beteiligung von Benutzern bei der Systementwicklung und -einführung

Bild 66: Arbeitsblätter der arbeitswissenschaftlichen Untersuchung

13. Anhang C: Übersicht über die Dialogstrukturen im FIKS-Leitstand

Die Dialogstruktur des FIKS-Leitstands ist in Bild 67 als Übersicht dargestellt. In den nachfolgenden Abschnitten werden Strukturen sowie Dialogstrukturen der Benutzerwerkzeuge im FIKS-Demonstrator aufgezeigt.

Bei der Darstellung der Dialogstrukturen und deren Beschreibung, sowie bei der Namensgebung der Objekte im Programmfile wurden verschiedene Abkürzungen für die auftretenden Objekte verwendet:

- Fenster (F bzw. W)
- Listbox (LB)
- Edittext (ET)
- Pushbutton (PB)
- Pull-Down Menü (MB oder MI)
- Ikone/ Bild (I)
- Canvas (C)
- Groupbox (GB)
- Statischer Text (ST)
- Pop-Up Menü (PT)
- Radiobutton (RB)
- Scrollbar (SB)
- Rechteck (RE)

In den Dialogbäumen werden verschiedene Symbole verwendet. Die schattierten Rechtecke stellen Fenster, Rechtecke ohne Schatten Operationen dar. In Sechsecken werden die Auslöser eines Dialogschrittes angegeben. Die Linien zwischen den Fenstern, Operationen und Auslösern beschreiben den Verlauf der Dialogpfade.

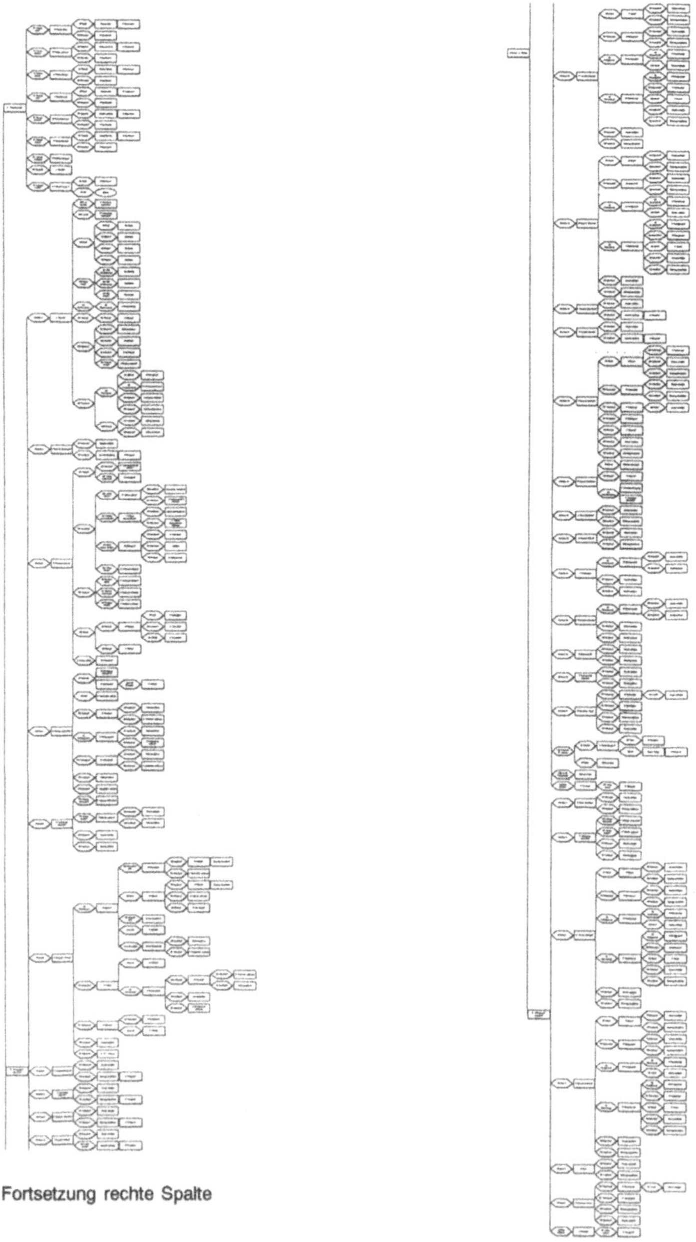

Bild 67: Dialogstruktur des FIKS-Leitstands (stark komprimiert)

13.1. Startfenster

Im Startfenster (Bild 68) gibt der Benutzer sein Paßwort ein, um Zugriff auf den Leitstand zu erhalten. Über Pop-Up Menüs im oberen Bereich des Fensters kann der Benutzer verschiedene Planungsversionen speichern und aufrufen. Außerdem wird entschieden, ob der Leitstand lediglich zur Simulation der Einplanung oder zur Neuplanung verwendet wird. Desweiteren wird die Übertragung von Auftragsdaten an das PPS-System und BDE ausgelöst. Vom Startfenster aus kann über jeweils einem Pushbutton die Plantafel und das Auftragsverfolgungsfenster direkt aufgerufen werden (vgl. Dialogstruktur in Bild 69).

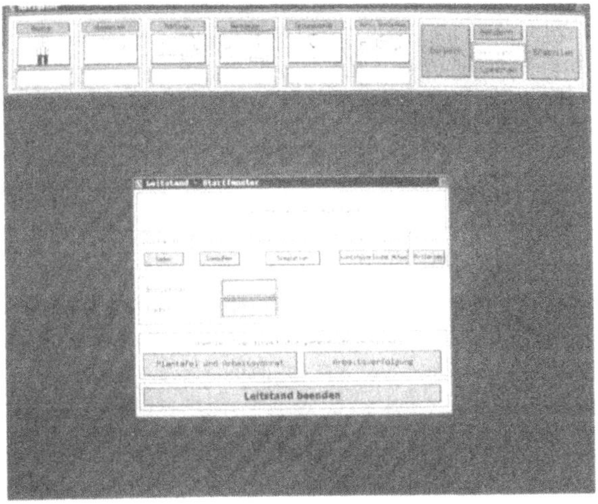

Bild 68: Startfenster des FIKS-Leitstands

13.2. Plantafel

In der Plantafel (Bild 71, Dialogstruktur in Bild 72) werden die eingeplanten Arbeitsgänge als Balken dargestellt und ihre zeitliche Festlegung mit der darunter liegenden Zeitachse kenntlich gemacht. Links von den Arbeitsgängen werden die Maschinen, auf denen die Arbeitsgänge eingeplant sind, dargestellt. Der Status der einzelnen Arbeitsgänge ist durch unterschiedliche Färbung der Arbeitsgangbalken angezeigt. Die möglichen Status für die Arbeitsgänge sind in Bild 70 dargestellt.

Bild 69: Dialogstruktur des "Startfensters"

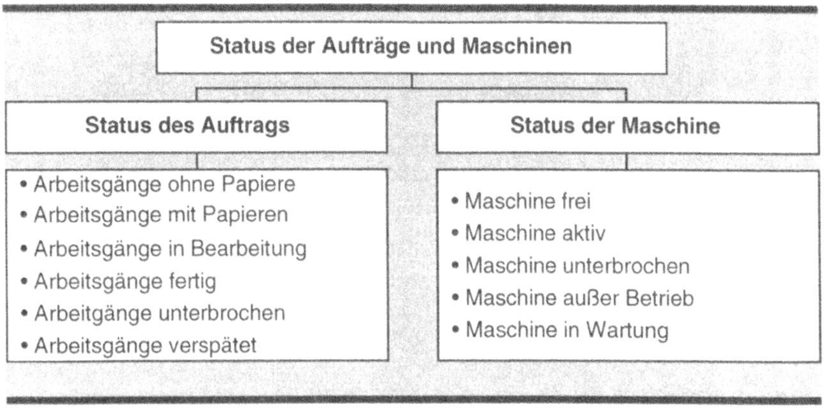

Bild 70: Status von Aufträgen und Maschinen im FIKS-Leitstand

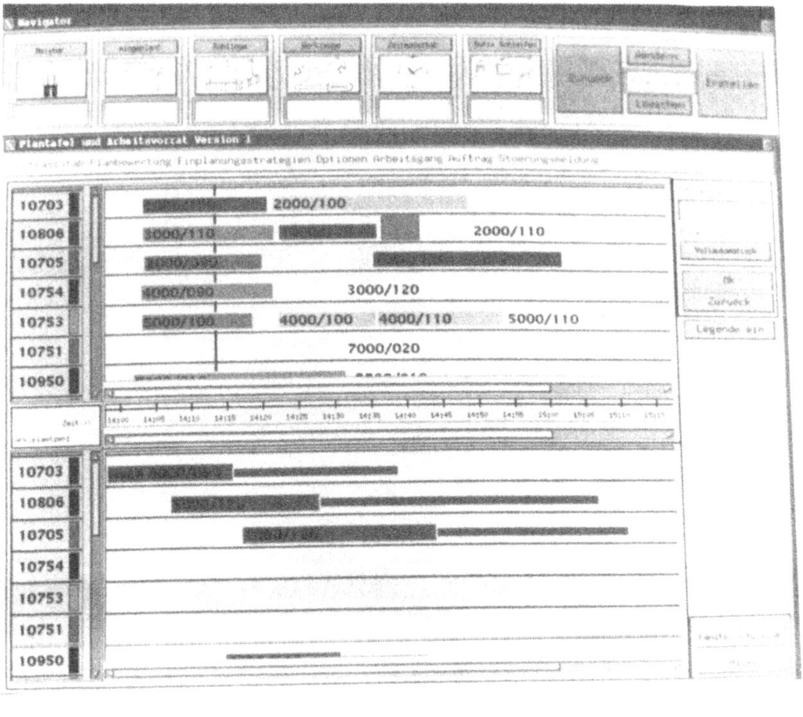

Bild 71: Plantafel des FIKS-Leitstands

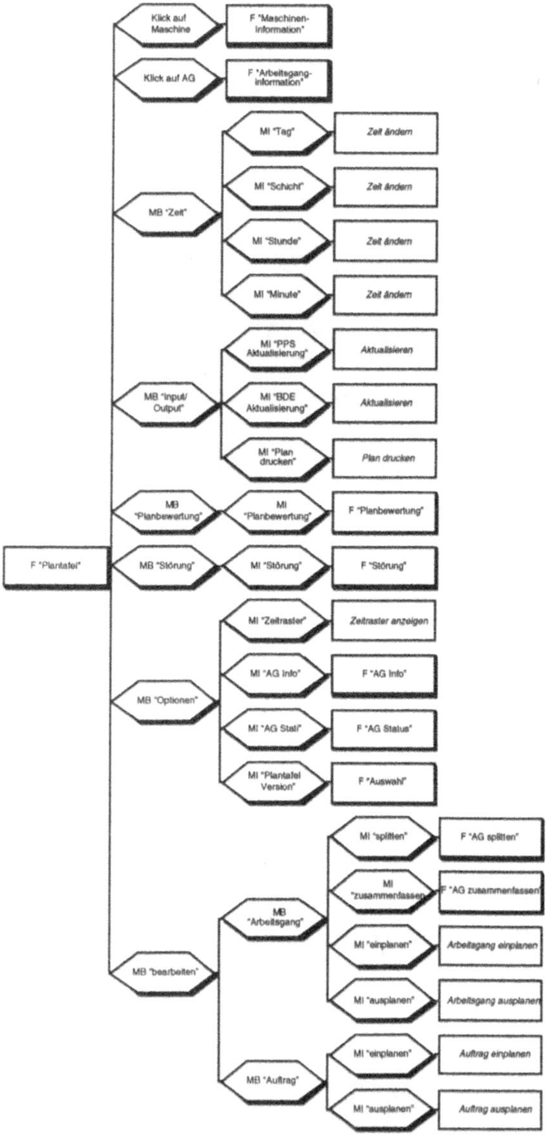

Bild 72: Dialogstruktur der "Plantafel"

Das Pull-Down Menü "Input/Output" ermöglicht die Übergabe von Daten an das PPS-System und die BDE-Terminals der einzelnen Arbeitsplätze (Arbeitsplanänderungen, Auftragsfertigmeldungen, geänderte Schichtpläne an das PPS, Planungsdaten an Arbeitsplatz Terminals).

Über das Pull-Down Menü "Störungen" können Nacharbeit, Störungen und sonstige Wartezeiten manuell eingegeben werden. Unter dem Menü "Planbewertung" wird das Fenster "Planungsbewertung" aufgerufen.

Es werden für eine oder die letzten drei Planungsvariationen (Simulationen) Bewertungen bezüglich Termintreue, Durchlaufzeit (prozentual bezogen auf Bearbeitungszeit) und Maschinenauslastung prozentual angezeigt.

Unter dem Pull-Down Menü "Planungskriterien" sind verschiedene Planungsstrategien, die sich aus verschiedenen Kriterien zusammensetzen lassen, aufgeführt. Die Einplanung von Aufträgen aus dem Auftragsvorratfeld in die Plantafel kann auf drei Arten erfolgen:

- manuell,
- halbautomatisch,
- vollautomatisch.

Die Wahl der Planungsart erfolgt über ein Pop-Up Menü links oben auf dem Plantafelfenster. Bei der manuellen Einplanung werden einzelne Arbeitsgänge aus dem Arbeitsvorrat durch Anklicken, Festhalten und Hinüberziehen in die Plantafel auf die gewünschte Maschine zur gewünschten Zeit eingeplant. Bei der halbautomatischen Einplanung wird ein Arbeitsgang im Arbeitsvorratfeld angeklickt und automatisch in die Plantafel nach einer zuvor im Pull-Down Menü "Planungskriterien" gewählten Einplanungsstrategie eingeplant. Die vollautomatische Einplanung führt zu einer Einplanung aller im Arbeitsvorratfeld befindlichen Arbeitsgänge und wird durch den Pushbutton "ausführen" direkt unterhalb der Planartauswahl ausgelöst. Die Planungsstrategie wird wie bei der halbautomatischen Einplanung gewählt. Die Planung kann durch den Pushbutton "zurück" wieder rückgängig gemacht werden. Arbeitsgänge, die schon in der Plantafel eingeplant sind, lassen sich auch nachträglich durch Anklicken und

Festhalten manuell verschieben oder, wenn sie in das Arbeitsvorratfeld plaziert werden sollen, wieder ausplanen.

Das Pull-Down Menü "Optionen" enthält verschiedene Möglichkeiten, detailliertere Information in der Plantafel aufzurufen und Einstellungen an der Plantafel vorzunehmen. Beispielsweise läßt sich zum einfacheren Erkennen der Start- und Endtermine der einzelnen Arbeitsgänge ein Zeitraster über die Plantafel spannen. Nach Anklicken eines Arbeitsganges und durch Selektieren des Untermenüs "AG Info" wird das Arbeitsganginformationsfenster sichtbar. Das Untermenü "AG Status" ermöglicht eine manuelle Änderung der Status der Arbeitsgänge in der Plantafel.

Nach der Auswahl des Menüpunkts wird ein Fenster aufgerufen, in dem die Statusfarbe eines zuvor durch Anklicken selektierten Arbeitsganges angezeigt wird. Durch Anklicken eines der Statusbuttons mit jeweils einer Statusfarbe und durch Selektion des im Fenster befindlichen Pushbuttons "ausführen" wird der Status des selektierten Arbeitsganges in die Plantafel übernommen.

Das Untermenü "Plantafelversion" öffnet das Fenster "Auswahl", in dem bestimmt werden kann, welche Arbeitsgänge in der Plantafel sichtbar sein sollen. Es werden nur die ausgewählten Arbeitsgänge mit ihrer Statusfarbe gezeigt. Alle anderen Arbeitsgänge werden als Rahmen ohne Füllfarbe angedeutet. Ziel dieser Funktion ist das Erkennen gewünschter Arbeitsgänge, bzw. bestimmter Aufträge, zu erleichtern, denn durch die große Anzahl der Arbeitsgänge und der Farbenvielfalt des Status ist dies notwendig. Es läßt sich entweder ein bestimmter Arbeitsgangstatus auswählen, oder es kann ein bestimmter Auftrag mittels Selektion ausgewählt und hervorgehoben werden. Die Wahl der Arbeitsgänge wird durch den Pushbutton "ausführen" in diesem Fenster durchgeführt und auf die Plantafel übertragen.

Das Pull-Down Menü "Bearbeiten" enthält verschiedene Funktionen zur Manipulation von Arbeitsgängen und Aufträgen bei der Einplanung. Um die Funktionen auszulösen, muß der gewünschte Arbeitsgang oder ein Arbeitsgang des gewünschten Auftrags durch Anklicken selektiert werden. Im Untermenü "AG" lassen sich Fenster zum Splitten und Raffen von Arbeitsgängen aufrufen. Das Raffen von Arbeitsgängen ist analog zur Funktion des Fensters "Auftrag zusammenfassen". Desweiteren lassen sich Arbeitsgänge über die Untermenüs "einplanen" und "ausplanen" aus der Plantafel ein- und ausplanen. Dies ist zwar durch graphische Interaktion schon möglich, wird aber an dieser Stelle für den Fall ermöglicht, daß dem Benutzer diese Interaktionsmöglichkeit nicht bekannt ist. Für Aufträge sind die Funktionen ein- und ausplanen im Untermenü "Auftrag" ebenfalls vorhanden.

13.3. Arbeitsplan-Editor

Das Arbeitsplanfenster ist in drei Felder unterteilt. Im mittleren Feld wird die Arbeitsplanversion angezeigt bzw. eingetragen. Über drei Pushbuttons wird zwischen folgenden verschiedenen Sichten gewählt:

- Modifikation: Hier besteht die Möglichkeit, den Arbeitsplan zu manipulieren und Alternativarbeitsgänge zu speichern. (Bild 73, Bild 74)
- Information: Für den verwendeten Arbeitsplan können Informationen zur Einplanung aufgerufen werden. (Bild 75)
- Bearbeitung: Der Arbeitsplan wird wie ebenso bei der Fenstersicht "Information" angezeigt. Die Status der Arbeitsgänge wird durch entsprechende Farbgebung dargestellt. Die Farbkodierung der einzelnen Status entspricht der der Plantafel. Außerdem können Informationen zum aktuellen Arbeitsfortschritt aufgerufen werden. (Bild 76)

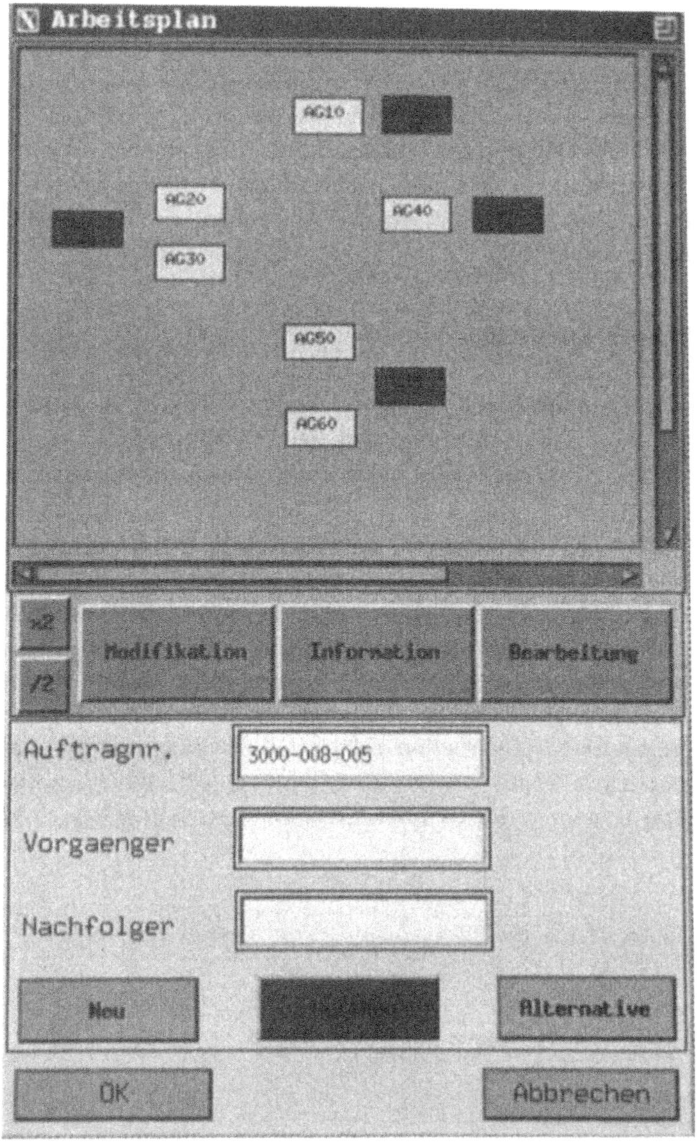

Bild 73: Arbeitsplanfenster "Modifikation" des FIKS-Leitstands

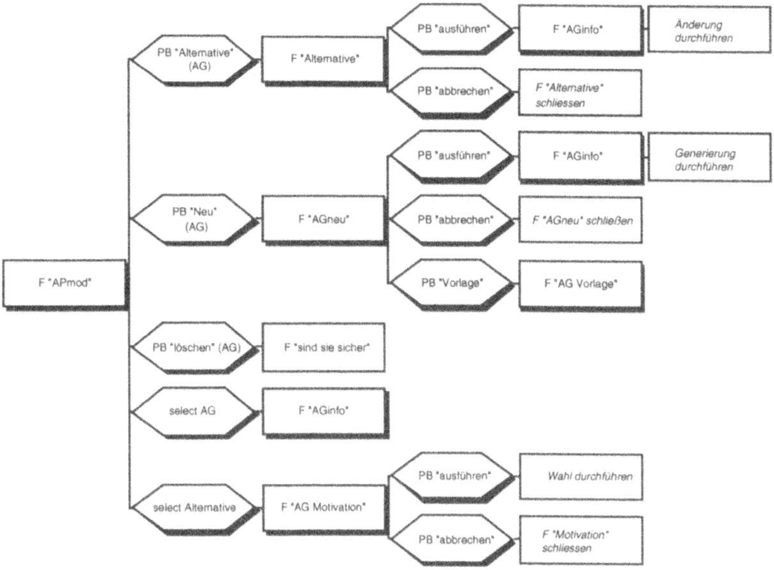

Bild 74: Dialogstruktur des Arbeitsplans "Modifikation"

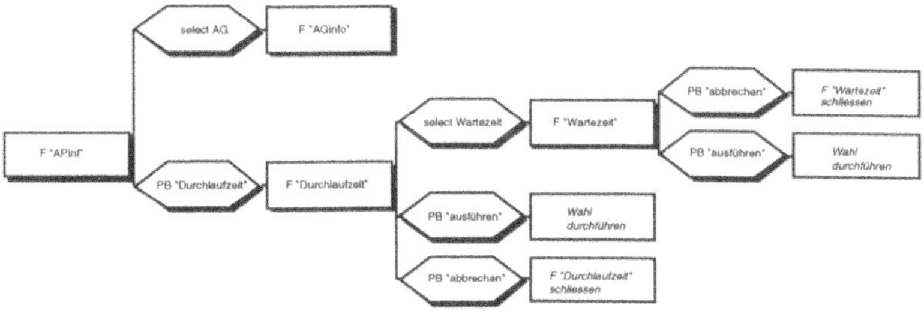

Bild 75: Dialogstruktur des Arbeitsplans "Information"

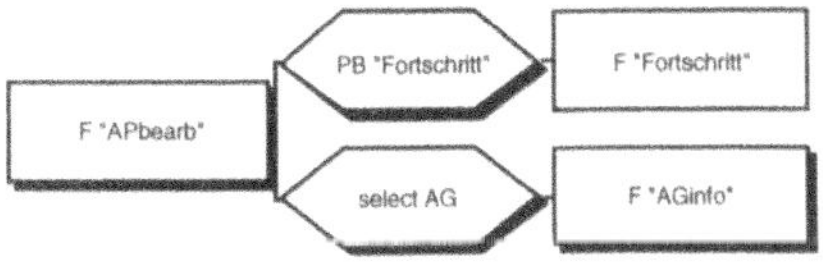

Bild 76: Dialogstruktur des Arbeitsplans "Bearbeitungsstand"

13.4. Navigator

Der Navigator besteht aus sechs linear angeordneten Auswahlfeldern, die jeweils aus einem Eingabefeld, einem Pop-Up-Menü und einer Ikone bestehen. Beim Anklicken von einzelnen Feldern werden diese durch eine rote Umrandung hervorgehoben. Dadurch ist die gewählte Felderkombination immer leicht zu erkennen. Neben den sechs Auswahlfeldern befinden sich vier Pushbuttons. Mit dem Pushbutton "erstellen" werden Fenster aufgerufen. Der Pushbutton "zurück" setzt alle Auswahlfelder zurück in die neutrale Stellung, also ohne rote Umrandung. Mit dem Pushbutton "ändern" werden Auswahlkombinationen für einzelne Fenster geändert bzw. neu erstellt. Der Pushbutton "löschen" hebt die gewählte Auswahlkombination für ein Fenster auf. In der Mitte der 4 Pushbuttons befindet sich ein Anzeige-/ Eingabefeld, in dem der Name des gewählten Fensters angezeigt oder durch direkte Eingabe bestimmt wird. Bild 77 zeigt den Navigator.

Bild 77: Navigator des FIKS-Leitstands

Jede Ikone stellt ein bestimmtes Objekt schematisch dar. Eine genauere Bestimmung der Objekte erfolgt durch Auswahl eines Pop-Up-Menü Eintrags. Die Auswahlfelder und ihre Pop-Up-Menüs sind in Bild 78 aufgezählt.

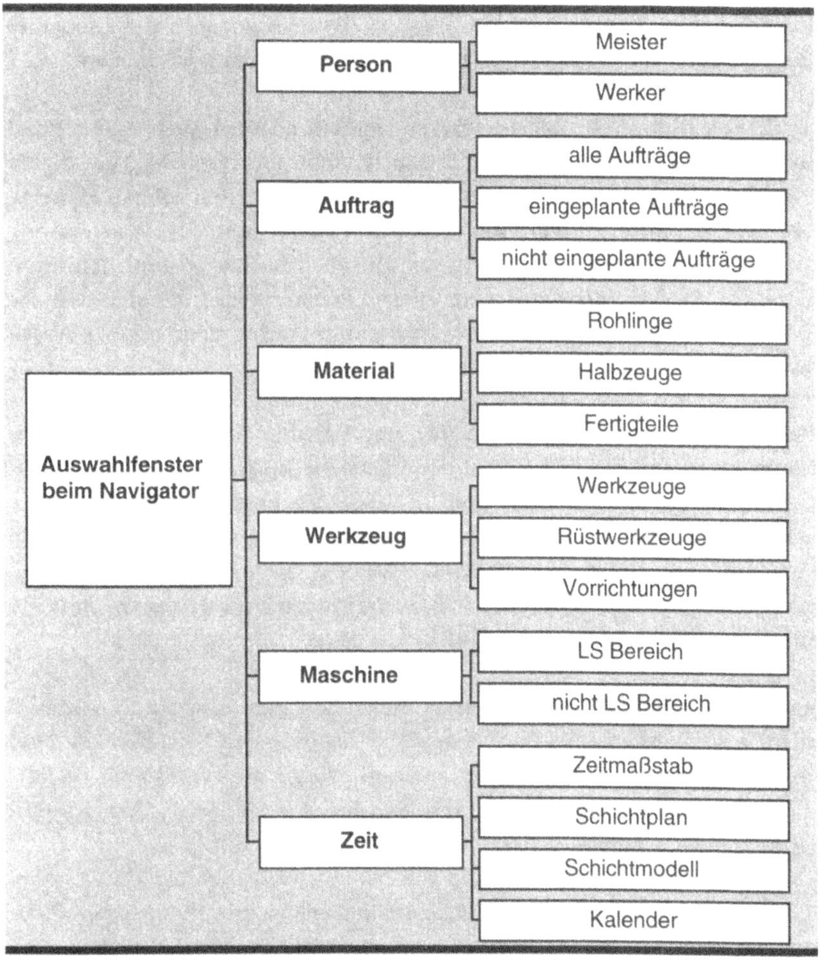

Bild 78: Auswahlmöglichkeiten beim Navigator

Durch die Kombination der Auswahlfelder und der Auswahl der speziellen Pop-Up-Menü Einträge ergibt sich eine sehr geringe Tiefe der Dialogstruktur (vgl. Bild 62). Zudem ist die Auswahlbreite durch die noch offenen Kombinationsmöglichkeiten an Auswahlfeldern erweiterbar. Die Selektionen lassen sich außerdem beliebig nach den Wünschen des

Benutzers verändern, d.h. die Kombination zur Wahl einer Funktion bzw. eines Fensters kann verändert werden. Beim Navigator unterscheidet man zwischen drei verschiedenen Möglichkeiten Fenster aufzurufen.

Durch Selektion einer oder mehrerer Objekte und entsprechender Wahl aus den Pop-Up-Menüs, kann mit dem Pushbutton "erstellen" ein dieser Selektion entsprechendes Fenster aufgerufen werden. Beispielsweise wird bei Selektion 7 (vgl. Bild 39) ein Fenster mit der Bezeichnung "Arbeitsplatzbelegung" aufgerufen. Durch die, zu einem früheren Zeitpunkt erfolgte, Konfigurierung dieses Fensters wird damit direkt die Verknüpfung der Objekte "Zeit", "Maschine" unter dem Pop-Up-Menü Eintrag "Schichtplan" durchgeführt.

Eine weitere Aufrufmöglichkeit für ein Fenster besteht durch einen "Doppelklick" auf ein Objekt auf der Basis der Einstellung des zugehörigen Pop-Up-Menüs. In Selektion 16 (Bild 39) beispielsweise wird das Fenster "Auswahl Mitarbeiter" durch einen Doppelklick auf das Feld "Personen" mit der Personen-Klasse "Werker" aufgerufen. Alle Selektionen, die über einen Doppelklick erfolgen, können auch durch einfache Selektion nach dem zuvor beschriebenen Muster erreicht werden.

Jedes Objekt enthält einen Edittext, über den man einen Informationsaufruf präzisieren kann. Zum Beispiel, basierend auf Selektion 16 (Bild 39) zur Auflistung aller Mitarbeiter kann, durch die zusätzliche Angabe eines Mitarbeiternamens im Edittext das Fenster mit den Daten des eingegebenen Mitarbeiters aufgerufen werden (Selektion 17).

Über den Navigator lassen sich Selektionsmöglichkeiten für einzelne Fenster löschen oder ändern bzw. neu erstellen. Hierfür wird der Name des gewünschten Fensters in den mittleren Edittext eingegeben und die Selektion mit dem Pushbutton "löschen" gelöscht. Mit dem Pushbutton "ändern" kann man, durch Eingabe des Fensternamens in den mittleren Edittext, eine geänderte oder neue Selektion für ein Fenster am Navigator einstellen.

13.5. Auftragsverfolgung nach dem Boxenprinzip

Das Benutzerwerkzeug "Auftragsverfolgung nach dem Boxenprinzip erlaubt Auftragsdaten darzustellen, zu modifizieren und zu verwalten. Das Benutzerwerkzeug umfaßt, neben dem Hauptfenster "Auftragsverfolgung" (Bild 79, Dialogstruktur in Bild 80) noch die folgenden Fenster:

- Auftragsinformation (Bild 82)
- Arbeitsganginformation (Bild 82)
- Auftragsvorlage
- Arbeitsgangtext
- Merkmal
- Arbeitsgangzeit
- Fertigungsinformation
- Arbeitsgangvorlage
- Auftragstext

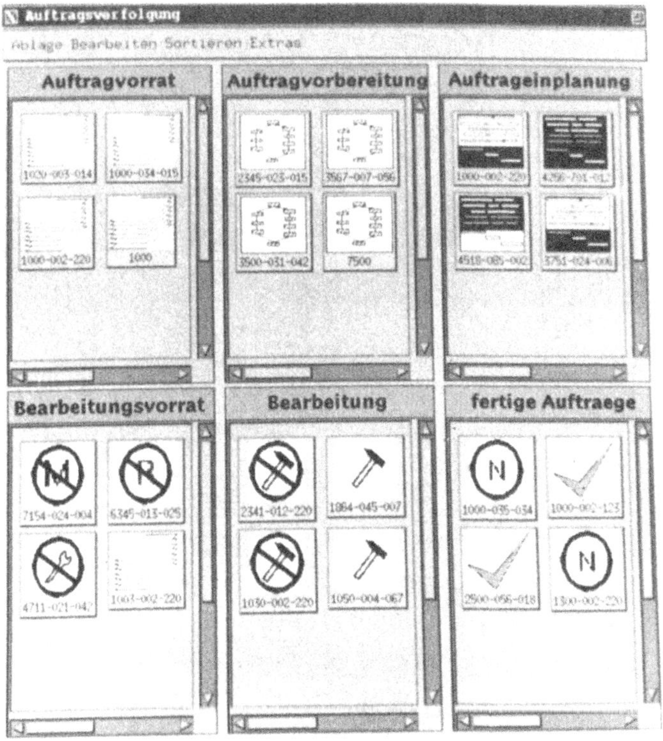

Bild 79: Auftragsverfolgung nach dem Boxenprinzip im FIKS-Leitstand

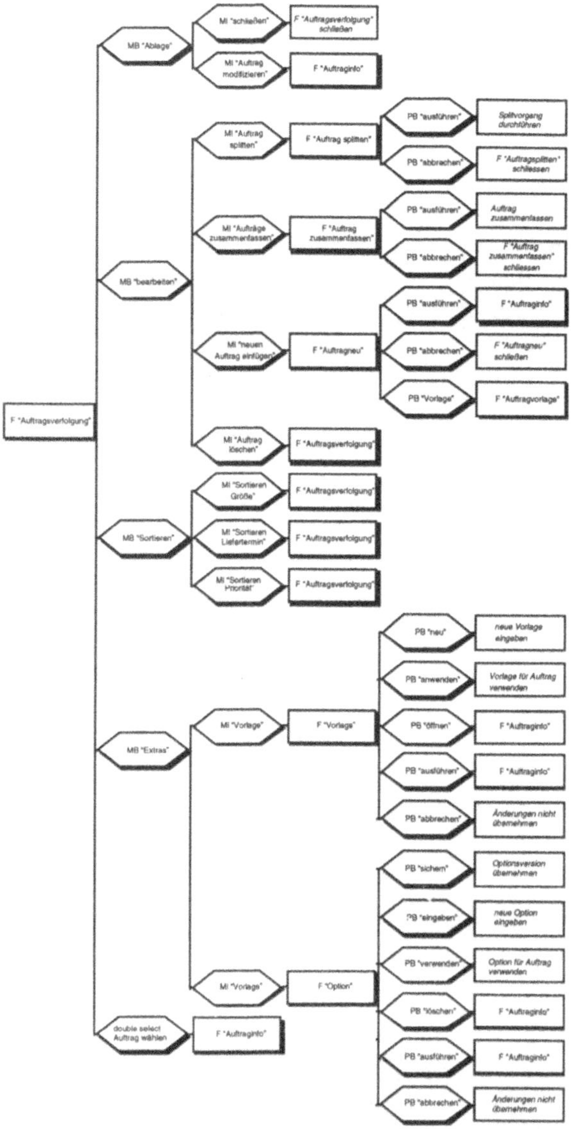

Bild 80: Dialogstruktur des Benutzerwerkzeugs "Auftragsverfolgung nach dem Boxenprinzip"

Die Menüleiste am oberen Rand des Auftragsverfolgungsfensters beinhaltet unter vier Sammelbegriffen die in Bild 81 dargestellten Funktionen:

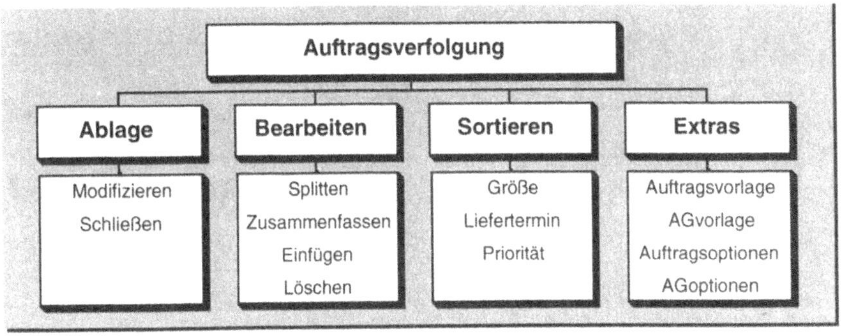

Bild 81: Funktionen im Menü der Auftragsverfolgung

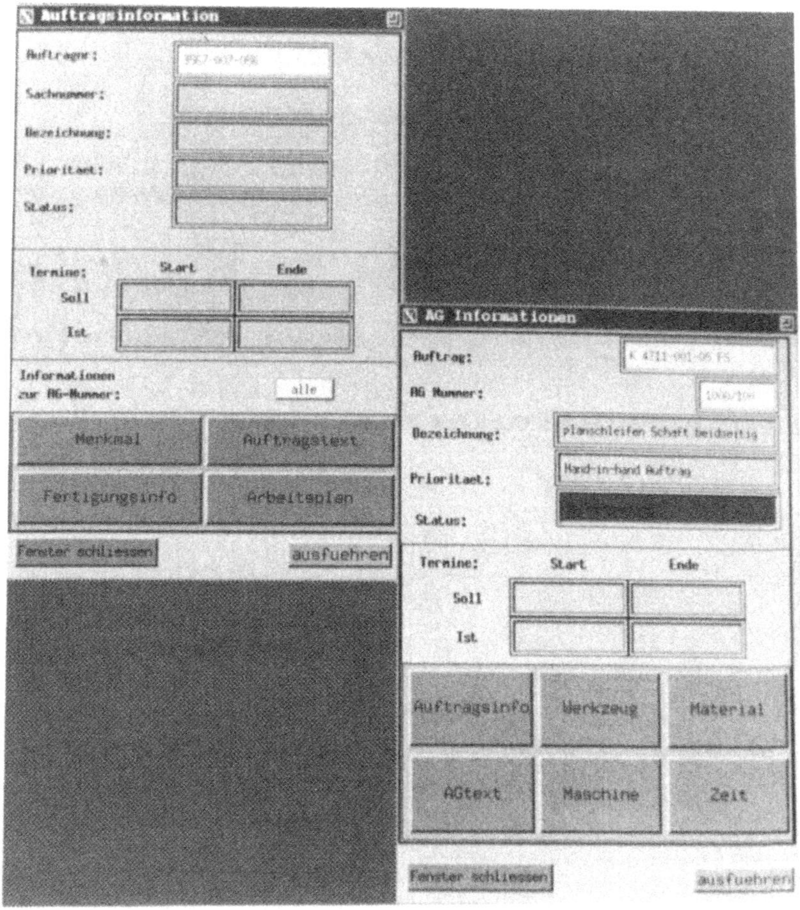

Bild 82: Auftragsinformationsfenster und Arbeitsganginformationsfenster

13.6. Ressourcenverwaltung

Die Verwaltung der Ressourcen ist über den Navigator aufrufbar und teilweise mit dem Arbeitsganginformationsfenster verknüpft. Ausgehend vom Arbeitsganginformationsfenster können die benötigten Ressourcen (Werkzeug, Material) für einen Arbeitsgang aufgerufen werden. Beipielhaft ist die Ressource Material in Bild 83 dargestellt. Die zugehörige Dialogstruktur ist in Bild 84 dargestellt.

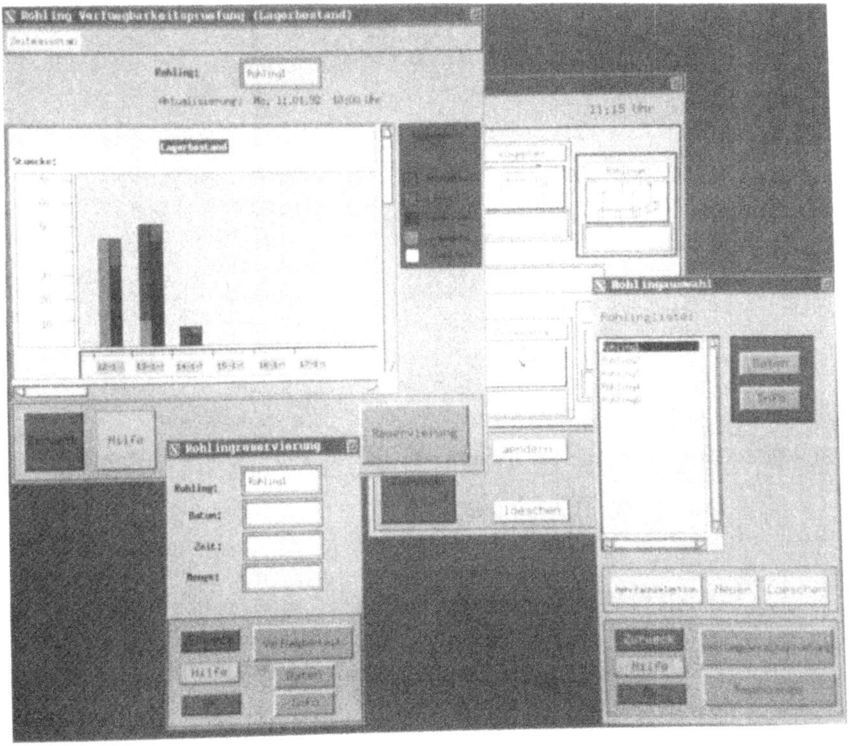

Bild 83: Ressourcenverwaltung

Bild 84: Dialogstruktur der Ressourcenverwaltung "Material" (Rohlinge)

Stufenweise Ableitung eines praktischen Planungssystems für den Entwicklungsbereich
Von R. Hichert. ISBN 3-7830-0149-8.
1978, 151 Seiten, kartoniert. 52,— DM

Produktionsplanung mit Auftragsfamilien
Von U. W. Geitner. ISBN 3-7830-0161.7.
1979, 110 Seiten, kartoniert 45,— DM

Thermisch-chemisches Entgraten
Von T. Wagner. ISBN 3-7830-0164-1.
1979, 111 Seiten, kartoniert. 45,— DM

Untersuchung der Materialflußkosten bei ausgewählten Systemen der Zentralen Arbeitsverteilung
Von R. Wenzel. ISBN 3-7830-0162-5.
1979, 168 Seiten, kartoniert. 86,— DM

Anpassung und Einführung eines Planungssystems für die Ablaufplanung im Konstruktionsbereich
Von W. Dangelmaier. ISBN 3-7830-0163-3
1979, 168 Seiten, kartoniert. 80,— DM

Längenmessungen an bewegten Teilen mit berührungslos wirkenden Aufnehmern
Von H. Lang. ISBN 3-7830-0157-9
1979, 89 Seiten, kartoniert. 42,— DM

Untersuchung multistabiler Strömungselemente und ihr Einsatz in sequentiellen Steuerungen
Von A. Ernst. ISBN 3-7830-0157-9.
1979, 122 Seiten, kartoniert. 48,— DM

Taktile Sensoren für programmierbare Handhabungsgeräte
Von M. Schweizer. ISBN 3-7830-0158-7.
1979, 91 Seiten, kartoniert. 42,— DM

Die rechnerunterstützte Prüfplanung
Von P. Blasing. ISBN 3-7830-0152-8.
1979, 100 Seiten, kartoniert. 44,— DM

Verfahren zur Fabrikplanung im Mensch-Rechner-Dialog am Bildschirm
Von W. Ernst. ISBN 3-7830-0156-0.
1979, 218 Seiten, kartoniert 72,— DM

Rechnerunterstütztes Verfahren zur Leistungsabstimmung von Mehrmodell-Montagesystemen
Von M. Gorke. ISBN 3-7830-0155-2.
1979, 139 Seiten, kartoniert 50,— DM

Standortbezogene Betriebsmittel
Von G. Pflieger. ISBN 3-7830-0167-6.
1979, 127 Seiten, kartoniert. 52,— DM

Die betriebswirtschaftliche Beurteilung neuer Arbeitsformen
Von B.-H. Zippe. ISBN 3-7830-0168-4.
1979, 350 Seiten, kartoniert. 98,— DM

Untersuchung des Arbeitsverhaltens programmierbarer Handhabungsgeräte
Von B. Brodbeck. ISBN 3-7830-0169-2.
1979, 117 Seiten, kartoniert. 48,— DM

Untersuchung eines kohärent-optischen Verfahrens zur Rauheitsmessung
Von N. Rau. ISBN 3-7830-0174-9
1979, 117 Seiten, kartoniert. 48,— DM

Entwicklung einer programmierbaren, pneumatischen Steuerung
Von D. Klemenz. ISBN 3-7830-0171-4
1979, 93 Seiten, kartoniert. 42,— DM

ᴾA Forschung und Praxis

erichte aus dem Fraunhofer-Institut für Produktionstechnik und utomatisierung, Stuttgart, und dem Institut für Industrielle Fertigung nd Fabrikbetrieb der Universität Stuttgart

Herausgeber: Prof. Dr.-Ing. H. J. Warnecke

Arbeitsgangterminierung mit variabel strukturierten Arbeitsplänen — Ein Beitrag zur Fertigungssteuerung flexibler Fertigungssysteme
Von U. Maier. ISBN 3-540-10213-2
1980, 111 Seiten mit 45 Abbildungen. 43,-- DM

Kapazitätsabgleich bei flexiblen Fertigungssystemen
Von P. S. Nieß. ISBN 3-540-10372-4
1980, 151 Seiten mit 57 Abbildungen 48,– DM

Schichtdickenverteilung auf galvanisierten Paßteilen am Beispiel kleiner abgesetzter Wellen und Bohrungen
Von D. Wolfhard. ISBN 3-540-10373-2.
1980, 177 Seiten mit 83 Abbildungen 48,– DM

Planung von Mehrstellenarbeit unter Berücksichtigung von Umfeldaufgaben
Von S. Haußermann. ISBN 3-540-10374-0.
1980, 136 Seiten mit 59 Abbildungen 48,-- DM

Untersuchungen zur Schmierfilmdicke in Druckluftzylindern — Beurteilung der Abstreifwirkung und des Reibungsverhaltens von Pneumatikdichtungen mit Hilfe eines neu entwickelten Schmierfilmdicken-meßverfahrens
Von R. Kohnlechner. ISBN 3-540-10375-9
1980, 100 Seiten mit 38 Abbildungen und 4 Tabellen. 43,– DM

Typologie zum überbetrieblichen Vergleich von Fertigungssteuerungsverfahren im Maschinenbau
Von G. Rabus. ISBN 3-540-10376-7.
1980, 174 Seiten mit 88 Abbildungen und 21 Tafeln. 48,– DM

System zur Planung des Umlaufbestandes in Betrieben mit Serienfertigung
Von K.-G. Wilhelm. ISBN 3-540-10377-5.
1980, 142 Seiten mit 67 Abbildungen und 15 Tafeln. 48,– DM

Rechnerunterstützte Arbeitsplanerstellung mit Kleinrechnern, dargestellt am Beispiel der Blechbearbeitung
Von W. Hoheisel. ISBN 3-540-10505-0.
1981, 169 Seiten mit 74 Abbildungen. 48,– DM

Beitrag zur Verbesserung der Wirtschaftlichkeit EDV-unterstützter Fertigungssteuerungssysteme durch Schwachstellenanalyse
Von J. Lienert. ISBN 3-540-10506-9.
1981, 148 Seiten mit 37 Abbildungen. 48,– DM

Die Abscheidung von Öl an Entlüftungsöffnungen drucklufttechnischer Anlagen
Von W.-D. Kiessling. ISBN 3-540-10604-9.
1981, 117 Seiten mit 48 Abbildungen und 3 Tabellen. 43,– DM

Dynamische Optimierung technisch-ökonomischer Systeme
Von J. Warschat. ISBN 3-540-10717-7.
1981, 132 Seiten mit 60 Abbildungen. 43,– DM

Bildsensor zur Mustererkennung und Positionsmessung bei programmierbaren Handhabungsgeräten
Von H. Geißelmann. ISBN 3-540-10735-5.
1981, 125 Seiten mit 52 Abbildungen. 43,– DM

Verfügbarkeitsberechnung für komplexe Fertigungseinrichtungen
Von Ekkehard Gericke. ISBN 3-540-10779-7.
1981, 132 Seiten mit 71 Abbildungen. 43,– DM

Materialflußgestaltung in Fertigungssystemen
Von Willi Rößner. ISBN 3-540-10888-2.
1981, 149 Seiten mit 76 Abbildungen. 48,– DM

Beitrag zur Analyse der Auswirkungen der Mikroelektronik, dargestellt am Beispiel der Büromaschinen-Industrie
Von Werner Neubauer. ISBN 3-540-10991-9.
1981, 145 Seiten mit 27 Abbildungen und 47 Tabellen. 43,– DM

Modelle von Informationssystemen zur kurzfristigen Fertigungssteuerung und ihre Gestaltung nach betriebsspezifischen Gesichtspunkten
Von Roland Gentner. ISBN 3-540-10992-7.
1981, 181 Seiten mit 69 Abbildungen und 7 Tabellen. 48,– DM

Entwicklung von Verfahren zur Terminplanung und -steuerung bei flexiblen Montagesystemen
Von Jürgen H. Kolle. ISBN 3-540-11227-8.
1981, 132 Seiten mit 64 Abbildungen und 1 Faltplan. 43,– DM

Arbeits- und Kapazitätsteilung in der Montage
Von Stefan Dittmayer. ISBN 3-540-11228-6.
1981, 124 Seiten und 56 Abbildungen. 43,– DM

Beitrag zur systematischen Planung der Qualitätsprüfung bei Klein- und Mittelserienfertigung
Von Herbert Babic. ISBN 3-540-11325-8
1982, 108 Seiten mit 38 Abbildungen und 7 Tabellen. 53,– DM

57 **Methode zur rechnerunterstützten Einsatzplanung von programmierbaren Handhabungsgeräten**
Von Uwe Schmidt-Streier. ISBN 3-540-11355-X.
1982, 188 Seiten mit 72 Abbildungen. 53.– DM

58 **Werkstoff- und Energiekennwerte industrieller Lackieranlagen, am Beispiel der Automobilindustrie**
Von Rainer Manfred Thiel. ISBN 3-540-11356-8.
1982, 116 Seiten mit 59 Abbildungen. 53.– DM

59 **Maßnahmen zum Verbessern der pneumatischen Lackzerstäubung – Teilchengrößenbestimmung im Spritzstrahl –**
Von Klaus Werner Thomer. ISBN 3-540-11507-2.
1982, 162 Seiten mit 94 Abbildungen und 1 Tabelle. 53.– DM

60 **Ermittlung und Bewertung von Rationalisierungsmaßnahmen im Produktionsbereich**
Von Jürgen Schilde. ISBN 3-540-11730-X.
1982, 158 Seiten mit 57 Abbildungen. 53.– DM

61 **Untersuchung von Verfahren der Reihenfolgeplanung und ihre Anwendung bei Fertigungszellen**
Von Mohamed Osman. ISBN 3-540-11747-4.
1982, 124 Seiten mit 32 Abbildungen und 3 Tabellen. 53.– DM

62 **Ein Simulationsmodell zur Planung gruppentechnologischer Fertigungszellen**
Von Volker Saak. ISBN 3-540-11747-4.
1982, 134 Seiten mit 53 Abbildungen. 53.– DM

63 **Verfahren zur technischen Investitionsplanung automatisierter Fertigungsanlagen**
Von Günter Vettin. ISBN 3-540-11747-4.
1982, 134 Seiten mit 63 Abbildungen. 53.– DM

64 **Pneumatische Sensoren zur prozeßsimultanen Messung des Werkzeugverschleißes und zur Kollisionsvermeidung beim Messerkopffräsen**
Von Wolfgang Jentner. ISBN 3-540-11747-4.
1982, 126 Seiten mit 47 Abbildungen und 6 Tabellen. 53.– DM

65 **Rechnerunterstützte Gestaltung ortsgebundener Montagearbeitsplätze, dargestellt am Beispiel kleinvolumiger Produkte**
Von Eberhard Haller. ISBN 3-540-12015-7.
1982, 130 Seiten mit 43 Abbildungen. 53.– DM

66 **Fernsehüberwachung von Schutzgasschweißvorgängen mit abschmelzender Elektrode MIG – MAG**
Von Ruprecht Niepold. ISBN 3-540-12181-7.
1983, 178 Seiten mit 73 Abbildungen und 5 Tabellen. 58.– DM

67 **Entwicklung flexibler Ordnungssysteme für die Automatisierung der Werkstückhandhabung in der Klein- und Mittelserienfertigung**
Von Karl Weiss. ISBN 3-540-12455-1.
1983, 116 Seiten mit 68 Abbildungen. 58.– DM

68 **Automatisierte Überwachungsverfahren für Fertigungseinrichtungen mit speicherprogrammierten Steuerungen**
Von Werner Eißler. ISBN 3-540-12456-X.
1983, 128 Seiten mit 66 Abbildungen. 58.– DM

69 **Prozeßüberwachung beim Galvanoformen**
Von Jürgen Wilhelm Böcker. ISBN 3-540-12457-8.
1983, 118 Seiten mit 32 Abbildungen. 58.– DM

70 **LAPEX – Ein rechnerunterstütztes Verfahren zur Betriebsmittelzuordnung**
Von Stephan Mayer. ISBN 3-540-12490-X.
1983, 162 Seiten mit 34 Abbildungen und 2 Tabellen. 58.– DM

71 **Gestaltung eines integrierten Produktionssystems für die Sortenfertigung unter Einsatz der Clusteranalyse**
Von Gerald Weber. ISBN 3-540-12650-3.
1983, 194 Seiten mit 54 Abbildungen. 58.– DM

72 **Gußputzen mit sensorgeführten, programmierbaren Handhabungsgeräten**
Von Eberhard Abele. ISBN 3-540-12651-1.
1983, 133 Seiten mit 66 Abbildungen. 58,– DM

73 **Untersuchungen zur Herstellung und zum Einsatz galvanogeformter Erodierelektroden**
Von Harald Müller. ISBN 3-540-12822-0.
1983, 148 Seiten mit 78 Abbildungen. 58,– DM

74 **Ein Beitrag zur Optimierung der Prozeßführungsstrategien automatisierter Förder- und Materialflußsysteme**
Von Hans Steffens. ISBN 3-540-12968-5.
1983. 161 Seiten mit 60 Abbildungen. 58,– DM

75 **Entwicklung eines Verfahrens zur wertmäßigen Bestimmung der Produktivität und Wirtschaftlichkeit von Personalentwicklungsmaßnahmen in Arbeitsstrukturen**
Von Christian Müller. ISBN 3-540-13041-1.
1983. 129 Seiten mit 34 Abbildungen. 58,– DM

76 **Berechnung der Gestaltänderung von Profilen infolge Strahlverschleiß**
Von Wolfgang Marx. ISBN 3-540-13054-3.
1983. 121 Seiten mit 58 Abbildungen. 58,– DM

77 **Algorithmen zur flexiblen Gestaltung der kurzfristigen Fertigungssteuerung**
Von Rudolf E. Scheiber. ISBN 3-540-13500-6.
1984, 150 Seiten mit 73 Abbildungen und 1 Tabelle. 63.– DM

78 **Galvanisieren mit moduliertem Strom**
Von Jürgen Wolfgang Mann. ISBN 3-540-13733-5.
1984, 145 Seiten und 58 Abbildungen. 63,– DM

79 **Fluoreszenzmeßverfahren zur Schmierfilmdickenmessung in Wälzlagern**
Von Wolfgang Schmutz. ISBN 3-540-13777-7.
1984, 141 Seiten und 66 Abbildungen. 63,– DM

ᵖA-IAO Forschung und Praxis

ɜrichte aus dem Fraunhofer-Institut für Produktionstechnik und ıtomatisierung (IPA), Stuttgart, Fraunhofer-Institut für Arbeitswirtschaft ıd Organisation (IAO), Stuttgart, und Institut für Industrielle Fertigung ıd Fabrikbetrieb der Universität Stuttgart

Herausgeber: Prof. Dr.-Ing. H. J. Warnecke und Prof. Dr.-Ing. H.-J. Bullinger

---

Flexibilität und Kapazität von Werkstückspeichersystemen
Von Bernhard Graf. ISBN 3-540-13970-2.
1984, 115 Seiten mit 71 Abbildungen. 63,– DM

Flexible Fertigungssysteme
17. IPA-Arbeitstagung zusammen mit der 3. Internationalen Konferenz „Flexible Manufacturing Systems (FMS-3)", ISBN 3-540-13807-2.
1984, 249 Seiten mit zahlreichen Abbildungen. 118,– DM

Integrierte Bürosysteme
3. IAO-Arbeitstagung. ISBN 3-540-13978-8.
1984, 633 Seiten mit zahlreichen Abbildungen. 168,– DM

Rechnerunterstützte Planung von Montageablaufstrukturen für Erzeugnisse der Serienfertigung
Von Ernst-Dieter Ammer. ISBN 3-540-15056-0.
1985, 120 Seiten mit 1 Faltblatt und 33 Abbildungen. 63,– DM

Flexibilität von personalintensiven Montagesystemen bei Serienfertigung
Von Heinrich Vähning. ISBN 3-540-15093-5.
1985, 152 Seiten mit 49 Abbildungen. 63,– DM

Ordnen von Werkstücken mit programmierbaren Handhabungsgeräten und Werkstückerkennungssensoren
Von Ingo Schmidt. ISBN 3-540-15375-6.
1985, 111 Seiten mit 66 Abbildungen. 63,– DM

Systematische Investitionsplanung
Von Jorge Moser. ISBN 3-540-15370-5.
1985, 190 Seiten mit 69 Abbildungen. 63,– DM

Montage · Handhabung · Industrieroboter
Internationaler MHI-Kongreß im Rahmen der Hannover-Messe '85. ISBN 3-540-15500-7.
1985, 267 Seiten mit zahlreichen Abbildungen. 128,– DM

Flexible Montagesysteme – Konzeption und Feinplanung durch Kombination von Elementen
Von Peter Konold / Bernd Weller. ISBN 3-540-15606-2.
1985, 162 Seiten mit 71 Abbildungen und 9 Tabellen. 63,– DM

Menschen · Arbeit · Neue Technologien
4. IAO-Arbeitstagung zusammen mit der 2. Internationalen Konferenz „Human Factors in Manufacturing". ISBN 3-540-15763-8.
1985, 442 Seiten mit zahlreichen Abbildungen. 168,– DM

Leitstandunterstützte kurzfristige Fertigungssteuerung bei Einzel- und Kleinserienfertigung
Von Lothar Aldinger. ISBN 3-540-15903-7.
1985, 151 Seiten mit 49 Abbildungen und 2 Tabellen. 63,– DM

Bestimmen des Bürstenverhaltens anhand einer Einzelborste
Von Klaus Przyklenk. ISBN 3-540-15956-8.
1985, 117 Seiten mit 74 Abbildungen. 63,– DM

Montage großvolumiger Produkte mit Industrierobotern
Von Jörg Walther. ISBN 3-540-16027-2.
1985, 125 Seiten mit 58 Abbildungen. 63,– DM

Algorithmen und Verfahren zur Erstellung innerbetrieblicher Anordnungspläne
Von Wilhelm Dangelmaier. ISBN 3-540-16144-9.
1986, 268 Seiten mit 79 Abbildungen. 68,– DM

Bewertung der Instandhaltung von Fertigungssystemen in der technischen Investitionsplanung
Von Hagen U. Uetz. ISBN 3-540-16166-X.
1986, 129 Seiten mit 38 Abbildungen. 68,– DM

Entgraten durch Hochdruckwasserstrahlen
Von Manfred Schlatter. ISBN 3-540-16172-4.
1986, 167 Seiten mit 89 Abbildungen und 18 Tabellen. 68,– DM

Werkstückorientierte Verfahrensauswahl zum Gußputzen mit Industrierobotern
Von Wolfgang Sturz. ISBN 3-540-16224-0.
1986, 156 Seiten mit 59 Abbildungen. 68,– DM

Verfahren zur Verringerung von Modell-Mix-Verlusten in Fließmontagen
Von Reinhard Koether. ISBN 3-540-16499-5.
1986, 175 Seiten mit 46 Abbildungen und 1 Tabelle. 68,– DM

Entwicklung und Einsatz eines interaktiven Verfahrens zur Leistungsabstimmung von Montagesystemen
Von Günter Schad. ISBN 3-540-16978-4.
1986, 120 Seiten mit 31 Abbildungen und 1 Tabelle. 68,– DM

95 **Qualifizierung an Industrierobotern**
Von Wolfgang Bachl. ISBN 3-540-17018-9.
1986, 218 Seiten mit 30 Abbildungen. 68,– DM

96 **Rechnersimulation des Beschichtungsprozesses beim Elektrotauchlackieren – Anwendung zum Berechnen des Umgriffs**
Von Otto Baumgärtner. ISBN 3-540-17102-9.
1986, 113 Seiten mit 42 Abbildungen. 68,– DM

97 **Ergonomische Gestaltung von Rotationsstellteilen für grob- und sensomotorische Tätigkeiten**
Von Werner F. Muntzinger. ISBN 3-540-17247-5.
1986, 135 Seiten mit 51 Abbildungen und 33 Tabellen. 68,– DM

98 **Die optische Rauheitsmessung in der Qualitätstechnik**
Von R.-J. Ahlers. ISBN 3-540-17242-4.
1986, 133 Seiten mit 56 Abbildungen und 2 Tabellen. 68,– DM

99 **Maschinelle Spracherkennung zur Verbesserung der Mensch-Maschine-Schnittstelle**
Von Gerhard Rigoll. ISBN 3-540-17350-1.
1986, 134 Seiten mit 55 Abbildungen. 68,– DM

100 **Konzeption und Auswahl modularer Magazinpaletten**
Von Thomas Zipse. ISBN 3-540-17584-9.
1987, 126 Seiten mit 54 Abbildungen. 68,– DM

101 **Anschlüsse an Kupferrohre – Herstellung und Automatisierungsmöglichkeit**
Von Eberhard Rauschnabel. ISBN 3-540-17807-4.
1987, 120 Seiten mit 88 Abbildungen. 68,– DM

102 **Mengen- und ablauforientierte Kapazitätsplanung von Montagesystemen**
Von Hans Sauer. ISBN 3-540-17815-5.
1987, 156 Seiten mit 64 Abbildungen. 68,– DM

103 **Verfahrensinstrumentarium zur Werkstückauswahl und Auslegung von Industrieroboterschweißsystemen**
Von Herbert Gzik. ISBN 3-540-17928-3.
1987, 138 Seiten mit 56 Abbildungen. 68,– DM

104 **Integration von Förder- und Handhabungseinrichtungen**
Von Joachim Schuler. ISBN 3-540-17955-0.
1987, 153 Seiten mit 61 Abbildungen. 68,– DM

105 **Produktionsmengen- und -terminplanung bei mehrstufiger Linienfertigung**
Von H. Kühnle. ISBN 3-540-18038-9.
1987, 124 Seiten mit 25 Abbildungen. 68,– DM

106 **Untersuchung des Plasmaschneidens zum Gußputzen mit Industrierobotern**
Von Jong-Oh Park. ISBN 3-540-18037-0.
1987, 142 Seiten mit 70 Abbildungen. 68,– DM

107 **Fügen von biegeschlaffen Steckkontakten mit Industrierobotern**
Von Daegab Gweon. ISBN 3-540-18134-2.
1987, 115 Seiten mit 13 Abbildungen. 68,– DM

108 **Entwicklung eines biomechanischen Modells des Hand-Arm-Systems**
Von Georgios Tsotsis. ISBN 3-540-18135-0.
1987, 163 Seiten mit 45 Abbildungen. 68,– DM

109 **Ein Beitrag zur Planungssystematik für die automatisierte flexible Blechteilefertigung**
Von Thomas Weber. ISBN 3-540-18136-9.
1987, 149 Seiten mit 56 Abbildungen. 68,– DM

110 **Entwicklung eines Meßverfahrens zur Bestimmung des Positionier- und Orientierungsverhaltens von Industrierobotern**
Von Günter Schiele. ISBN 3-540-18137-7
1987, 116 Seiten mit 48 Abbildungen. 68,– DM

111 **Schwingungsbelastung beim Arbeiten mit handgeführten, einachsigen Motormähgeräten**
Von Peter Kern. ISBN 3-540-18193-8.
1987, 145 Seiten mit 43 Abbildungen und 5 Tabellen. 68,– DM

112 **Entwicklung eines berührungslosen Tastsystems für den Einsatz an Koordinatenmeßgeräten**
Von Hie-Sik Kim. ISBN 3-540-18578-X.
1987, 111 Seiten mit 62 Abbildungen und 4 Tabellen. 68,– DM

113 **Qualifizierung an Industrierobotern – Ziele, Inhalte und Methoden**
Von Volker Korndörfer. ISBN 3-540-18618-2.
1987, 318 Seiten mit 100 Abbildungen. 68,– DM

114 **Funktional und räumlich variables und modulares Laborgerätesystem**
Von Alfred Mack. ISBN 3-540-18786-3.
1988, 116 Seiten mit 39 Abbildungen. 73,– DM

115 **Produktrecycling im Maschinenbau**
Von Rolf Steinhilper. ISBN 3-540-18849-5.
1988, 167 Seiten mit 50 Abbildungen. 73,– DM

116 **Integration der montagegerechten Produktgestaltung in den Konstruktionsprozeß**
Von Rudolf Bäßler. ISBN 3-540-19058-9.
1988, 133 Seiten mit 49 Abbildungen. 73,– DM

117 **Ein Algorithmus zur kapazitätsorientierten Bildung von Losen**
Von Tilmann Greiner ISBN 3-540-19300-6
1988, 135 Seiten mit 37 Abbildungen. 73,– DM

Kabelbaummontage mit Industrierobotern
Von Gerd Schlaich. ISBN 3-540-19301-4.
1988, 131 Seiten mit 62 Abbildungen. 73,– DM

Beitrag zur Verbesserung der Fertigungskostentransparenz bei Großserienfertigung mit Produktvielfalt
Von Albrecht Köhler. ISBN 3-540-19393-6.
1988, 148 Seiten mit 72 Abbildungen. 73,– DM

Entwicklungs- und Planungshilfen zum Aufbau von flexiblen Ordnungssystemen
Von Rainer Schanz. ISBN 3-540-19394-4.
1988, 104 Seiten mit 48 Abbildungen. 73,– DM

Bestücken von Leiterplatten mit Industrierobotern
Von Ernst Wolf. ISBN 3-540-50013-8.
1988, 132 Seiten mit 63 Abbildungen. 73,– DM

Verschleißvorgänge beim Querschneiden dünner Bahnen
Von Thomas Hülsmann. ISBN 3-540-50049-9.
1988, 126 Seiten mit 47 Abbildungen und 5 Tabellen. 73,– DM

Geometrieprüfung in der Fertigungsmeßtechnik mit bildverarbeitenden Systemen
Von Claus P. Keferstein. ISBN 3-540-50050-2.
1988, 128 Seiten mit 53 Abbildungen. 73,– DM

Modulares Simulationsmodell für die Abläufe in verketteten Fertigungszellen mit Industrierobotern
Von Kum-Hoan Kuk. ISBN 3-540-50069-3.
1988, 130 Seiten mit 57 Abbildungen. 73,– DM

Montage von Schläuchen mit Industrierobotern
Von Bruno Frankenhauser. ISBN 3-540-50072-3.
1988, 139 Seiten mit 63 Abbildungen. 73,– DM

Kommissioniersystem mit Roboter und Mehrstückgreifer
Von Klaus Baumeister. ISBN 3-540-50133-9.
1988, 104 Seiten mit 53 Abbildungen. 73,– DM

Sensorunterstütztes Programmierverfahren für das Entgraten mit Industrierobotern
Von Dieter Boley. ISBN 3-540-50175-4.
1988, 128 Seiten mit 67 Abbildungen. 73,– DM

Die Arbeitsraumgestaltung manueller Montagearbeitsplätze mit graphischen und wissensbasierten Methoden
Von Klaus Lay. ISBN 3-540-50259-9.
1988, 129 Seiten mit 50 Abbildungen und 7 Tabellen. 73,– DM

Automatisierung des Biegerichtens
Von Stefan Thiel. ISBN 3-540-50432-X.
1988, 142 Seiten mit 57 Abbildungen und 5 Tabellen. 73,– DM

Rechnergestützte Verfahren zur Auslegung der Mechanik von Industrierobotern
Von Martin-Christoph Wanner. ISBN 3-540-50640-3.
1989, 202 Seiten mit 80 Abbildungen. 73,– DM

Entwicklung eines bestandsorientierten Fertigungssteuerungssystems für die Großserienfertigung am Beispiel des Automobilbaus
Von G. Hachtel. ISBN 3-540-50639-X.
1989, 163 Seiten mit 34 Abbildungen und 6 Tabellen. 73,– DM

Ergonomische Gestaltung der Benutzerschnittstelle am Antriebssystem des Greifreifenrollstuhls
Von Ludwig Traut. ISBN 3-540-50877-5.
1989, 210 Seiten mit 127 Abbildungen. 73,– DM

Planung taktzeitoptimierter flexibler Montagestationen
Von Joachim Schöninger. ISBN 3-540-50896-1.
1989, 122 Seiten mit 47 Abbildungen. 73,– DM

Ein Modell für ein integriertes Qualitäts- und Prüfplanungssystem in der Montage
Von Josef R. Kring. ISBN 3-540-51195-4.
1989, 140 Seiten mit 60 Abbildungen. 73,– DM

Fertigungsstrukturierung auf der Basis von Teilefamilien
Von Manfred Auch. ISBN 3-540-51290-X.
1989, 138 Seiten mit 34 Abbildungen. 73,– DM

Kollisionsbehandlung als Grundbaustein eines modularen Industrieroboter-Off-line-Programmiersystems
Von Andreas Altenhein. ISBN 3-540-51418-X.
1989, 129 Seiten mit 53 Abbildungen. 73,– DM

Ein Beitrag zur Planung und Bewertung Neuer Arbeitsstrukturen in NE-Metallgießereien
Dargestellt am Beispiel der Fertigungsinsel
Von Horst Nespeta. ISBN 3-540-51419-8.
1989, 157 Seiten mit 58 Abbildungen. 73,– DM

Verfahren zur Prüfung der Partikelkontamination in Versorgungssystemen für hochreine Flüssigkeiten
Von Rolf Herz. ISBN 3-540-51457-0.
1989, 123 Seiten mit 61 Abbildungen. 73,– DM

Messung gekrümmter Flächen mit berührungslosen Verfahren
Von Leo Schreiber. ISBN 3-540-51493-7.
1989, 119 Seiten mit 72 Abbildungen. 73,– DM

Automatisiertes Lackieren mit steuerbaren Spritzpistolen
Von Konrad A. Ortlieb. ISBN 3-540-51518-6.
1989, 121 Seiten mit 45 Abbildungen. 73,– DM

141 **Grundlagen zur Entwicklung reinraumtauglicher Handhabungssysteme**
Von Jürgen Geißinger. ISBN 3-540-51959-9.
1989, 124 Seiten mit 82 Abbildungen. 73,– DM

142 **CAD-Video-Somatographie**
Entwicklung und Bewertung einer Methode zur anthropometrischen Arbeitsgestaltung
Von Dieter Lorenz. ISBN 3-540-52163-1.
1989, 169 Seiten mit 61 Abbildungen. 73,– DM

143 **Eine Systemarchitektur für die Gestaltung und das Management verteilter Informationssysteme**
Von Andreas J. Ness. ISBN 3-540-52224-7.
1990, 203 Seiten mit 62 Abbildungen. 78,– DM

144 **Untersuchungen über den optisch-physiologischen Eindruck der Oberflächenstruktur von Lackfilmen**
Von Horst Schene. ISBN 3-540-52226-3.
1990, 149 Seiten mit 106 Abbildungen. 78,– DM

145 **Planungsmethodik für ein Qualitätskostensystem**
Von Alfred Rauba. ISBN 3-540-52477-0.
1990, 166 Seiten mit 73 Abbildungen. 78,– DM

146 **Kleinserienbestückung von Leiterplatten mit bedrahteten Bauelementen durch Industrieroboter**
Von Martin Domm. ISBN 3-540-52867-9.
1990, 106 Seiten mit 48 Abbildungen. 78,– DM

147 **Sensor- und Steuerungssystem für die leitlinienlose Führung automatischer Flurförderzeuge**
Von Gerhard Drunk. ISBN 3-540-53033-9.
1990, 135 Seiten mit 52 Abbildungen. 78,– DM

148 **Ein System zur wissensbasierten Diagnose an CNC-Werkzeugmaschinen durch den Maschinenbediener**
Von Klaus-Peter Fähnrich. ISBN 3-540-53034-7.
1990, 132 Seiten mit 48 Abbildungen und 18 Tabellen. 78,– DM

149 **Werkstückbegleitender Informationsspeicher als Basis für ein informationstechnisches Konzept für Halbleiterfertigungen**
Von Klaus-Dieter Sauter. ISBN 3-540-53236-6.
1990, 115 Seiten mit 55 Abbildungen. 78,– DM

150 **Ein Planungsverfahren zur Erkennung und Bewältigung von Material- und Kapazitätsengpässen bei mehrstufiger Linienfertigung**
Von Ralf-Michael Fuchs. ISBN 3-540-53271-4.
1990, 176 Seiten mit 65 Abbildungen. 78,– DM

151 **Montage von Schrauben mit Industrierobotern**
Von Gernot E. Fischer. ISBN 3-540-53519-5.
1990, 97 Seiten mit 37 Abbildungen. 78,– DM

152 **Flächenorientierte Termin- und Kapazitätsplanung bei innerbetrieblicher Baustellenfertigung**
Von Rolf Schlauch. ISBN 3-540-53584-5.
1990, 130 Seiten mit 53 Abbildungen. 78,– DM

153 **Wissensbasierte Entscheidungsunterstützung bei der Auswahl von Industrierobotern**
Von Günter Jordan. ISBN 3-540-53744-9.
1991, 116 Seiten mit 49 Abbildungen. 78,– DM

154 **Simulationssystem für Fertigungsprozesse mit Stückgutcharakter**
Ein gegenstandsorientiertes System mit parametrisierter Netzwerkmodellierung
Von Bernd-Dietmar Becker. ISBN 3-540-53847-X.
1991, 162 Seiten mit 48 Abbildungen und 47 Tabellen. 78,– DM

155 **Algorithmen der Sprachverarbeitung zur Entwicklung eines vollsynthetischen Sprachausgabesystems**
Von Gerhard Rigoll. ISBN 3-540-53870-4.
1991, 321 Seiten mit 235 Abbildungen. 78,– DM

156 **Wissensbasierte CAD-Systemkomponente zum Entwurf montagegerechter Produkte**
Von Ralph Richter. ISBN 3-540-54725-8.
1991, 137 Seiten mit 56 Abbildungen. 78,– DM

157 **Heftschweißverfahren für das Lagefixieren von Werkstücken beim Schutzgasschweißen mit Industrierobotern**
Von Carsten Martin Claussen. ISBN 3-540-54951-X.
1991, 140 Seiten mit 43 Abbildungen. 78,– DM

158 **Ein Beitrag zur Meßdatenverarbeitung in der Koordinatenmeßtechnik**
Von Thomas Garbrecht. ISBN 3-540-55030-5.
1991, 135 Seiten mit 94 Abbildungen und 5 Tabellen. 78,– DM

159 **Ein Beitrag zur Planung und Optimierung der Verfahrenstellung in der Fertigung**
Von Hans-Peter Roth. ISBN 3-540-55113-1.
1992, 130 Seiten mit 50 Abbildungen. 78,– DM

160 **Flexible Montage von Leitungssätzen mit Industrierobotern**
Von Herbert H. Emmerich ISBN 3-540-55227-8.
1992, 135 Seiten mit 70 Abbildungen. 88,– DM

161 **Toleranzausgleichssysteme für Industrieroboter am Beispiel des feinwerktechnischen Bolzen-Loch-Problems**
Von Uwe Schweigert ISBN 3-540-55228-6.
1992, 119 Seiten mit 61 Abbildungen. 88,– DM

162 **Entwicklung eines interaktiven Simulators auf der Basis von Petri-Netzen zur Modellierung und Bewertung hybrider Montagestrukturen**
Von W. Schweizer ISBN 3-540-55229-4.
1992, 159 Seiten mit 76 Abbildungen. 88,– DM

Entwicklung eines Verfahrens zur rechnerunterstützten Gestaltung verteilter Informationssysteme
Von Friedemann Reim ISBN 3-540-55269-3.
1992, 151 Seiten mit 43 Abbildungen. 88,– DM

EDV-gestützte Planungs- und Entscheidungshilfen zur Auslegung von Produktionsstrukturen mit strukturkostenoptimierten Dezentralen Verantwortungsbereichen
Von Ulrich Hallwachs ISBN 3-540-55477-7.
1992, 186 Seiten mit 66 Abbildungen. 88,– DM

Strömungstechnische Auslegung reinraumtauglicher Fertigungseinrichtungen
Von Elmar Degenhart ISBN 3-540-55478-5.
1992, 137 Seiten mit 72 Abbildungen. 88,– DM

Synthese und Simulation dreidimensionaler Hand-Arm-Bewegungen an manuellen Montagearbeitsplätzen
Von Raimund Menges ISBN 3-540-55752-0.
1992, 215 Seiten mit 70 Abbildungen. 88,– DM

Bewertung inhomogener fraktaler Strukturen und Skalenanalyse von Texturen
Von Uwe Müssigmann ISBN 3-540-55796-2.
1992, 99 Seiten mit 43 Abbildungen. 88,– DM

Ein Informationssystem für Instandhaltungsleitstellen
Von Wilfried Sihn ISBN 3-540-55853-5.
1992, 167 Seiten mit 67 Abbildungen. 88,– DM

Verfahren zum automatischen Palettieren von quaderförmigen Packstücken im beliebigen Sortenmix
Von Walter Michael Strommer ISBN 3-540-55922-1.
1992, 105 Seiten mit 47 Abbildungen. 88,– DM

Planung der Kinematik von Industrierobotersystemen zum Schutzgasschweißen im Schiffbau
Von Wolfgang Utner ISBN 3-540-55923-X.
1992, 134 Seiten mit 31 Abbildungen und 3 Tabellen. 88,– DM

Montage von Pressverbindungen mit Industrierobotern
Von Günther Würtz ISBN 3-540-56300-8.
1992, 124 Seiten mit 55 Abbildungen. 88,– DM

Rationalisierungspotential der montagegerechten Produktgestaltung bei der Montage mit Industrierobotern
Von Thomas Schmaus ISBN 3-540-56400-4.
1992, 122 Seiten mit 55 Abbildungen. 88,– DM

Erhöhung der Variantenflexibilität in Mehrmodell-Montagesystemen durch ein Verfahren zur Leistungsabstimmung
Von Felix Fremerey ISBN 3-540-56549-3.
1993, 150 Seiten mit 38 Abbildungen und 6 Tabellen. 88,– DM

Automatische Montage von O-Ringen
Von Johannes F. Wößner ISBN 3-540-56657-0.
1993, 94 Seiten mit 43 Abbildungen. 88,– DM

Systeme kombinierter multimodaler Mensch-Rechner-Interaktionen
Von Karl-Heinz Hanne ISBN 3-540-56687-2.
1993, 131 Seiten mit 46 Abbildungen. 88,– DM

Regelbasiertes Verfahren zur Montageablaufplanung in der Serienfertigung
Von Klaus Thaler ISBN 3-540-56829-8.
1993, 132 Seiten mit 63 Abbildungen. 88,– DM

Rechnergestütztes Bediensystem für einen Telemanipulator zur Sanierung von gemauerten Abwasserkanälen
Von Kurt Alexander Schließmann ISBN 3-540-56875-1.
1993, 135 Seiten mit 57 Abbildungen und 7 Tabellen. 88,– DM

Konturantastende und optoelektronische Koordinatenmeßgeräte für den industriellen Einsatz
Von Wolfgang Rauh ISBN 3-540-56876-X.
1993, 124 Seiten mit 43 Abbildungen. 88,– DM

Konzeption für ein Sensor- und Steuerungssystem zur automatischen Führung eines Walzenschrämladers entlang der Grenzlinie von Kohle und Nebengestein
Von Stephan Matthias Forster ISBN 3-540-57159-0.
1993, 147 Seiten mit 63 Abbildungen. 88,– DM

Ein dreidimensionales Bildverarbeitungssystem für die Automatisierung visueller Prüfvorgänge
Von Jianzhong Lu ISBN 3-540-57160-4.
1993, 113 Seiten mit 45 Abbildungen und 2 Tabellen. 88,– DM

Erschließung technischer und organisatorischer Potentiale durch die Komplettbearbeitung auf Drehmaschinen mit Hilfe der Teileanalyse
Von Helmut Schaal ISBN 3-540-57212-0.
1993, 126 Seiten mit 42 Abbildungen und 2 Tabellen. 88,– DM

Prüfverfahren zur Untersuchung der Partikelreinheit technischer Oberflächen
Von Bernhard Klumpp ISBN 3-540-57302-X.
1993, 108 Seiten mit 50 Abbildungen. 88,– DM

Automatisierung der Justage von Drehankerrelais
Von G. Krüll ISBN 3-540-57303-8.
1993, 113 Seiten mit 59 Abbildungen. 88,– DM

Prozeßstrukturen der chemischen Vernickelung
Von Hans Gut ISBN 3-540-57304-6.
1993, 108 Seiten mit 37 Abbildungen und 5 Tabellen. 88,– DM

185 **Ein Verfahren zur Konstruktion anwendungoptimierter Ultraschallsensoren auf der Basis von Schallkanälen**
Von Achim Langen ISBN 3-540-57376-3.
1993, 140 Seiten mit 72 Abbildungen. 88,– DM

186 **Ein rechnerunterstütztes System für die technische Dokumentation und Übersetzung**
Von Renate Mayer ISBN 3-540-57409-3.
1993, 126 Seiten mit 59 Abbildungen. 88,– DM

187 **Theoretische und experimentelle Untersuchungen an dreidimensionalen Wirbelströmungen für industrielle Absauganlagen**
Von Wolf-Jürgen Denner ISBN 3-540-57410-7.
1993, 141 Seiten mit 78 Abbildungen und 10 Tabellen. 88,– DM

188 **Planungsmethodik für den Aufbau von Qualitätssicherungssystemen in kleinen und mittleren Produktionsunternehmen**
Von Rainer Hummel ISBN 3-540-57727-0.
1993, 221 Seiten mit 114 Abbildungen und 6 Tabellen. 88,– DM

189 **Plasmamodifikation von Kunststoffoberflächen zur Haftfestigkeitssteigerung von Metallschichten**
Von Dieter Andreas Mann ISBN 3-540-57745-9.
1994, 133 Seiten mit 83 Abbildungen und 6 Tabellen. 88,– DM

190 **Softwareentwicklung für speicherprogrammierbare Steuerungen im integrierten, rechnergestützten Konstruktionsprozeß**
Von Kornelius Hengel ISBN 3-540-57765-3.
1994, 133 Seiten mit 48 Abbildungen. 88,– DM

191 **Vorrichtungssysteme für die flexibel automatisierte Montage**
Von Armin Willy ISBN 3-540-57784-X.
1994, 121 Seiten mit 60 Abbildungen. 88,– DM

192 **Wissensbasiertes Selbstheilungs- und Diagnosesystem für CNC-Koordinatenmeßgeräte**
Von Wilhelm Steger ISBN 3-540-57829-3.
1994, 147 Seiten mit 79 Abbildungen. 88,– DM

193 **Modell für ein rechnerunterstütztes Qualitätssicherungssystem gemäß DIN ISO 9000 ff.**
Von Ulrich Lübbe ISBN 3-540-57831-5.
1994, 152 Seiten mit 59 Abbildungen. 88,– DM

194 **Vorgehenssystematik zum Prototyping graphisch-interaktiver Audio/Video-Schnittstellen**
Von Claus Görner ISBN 3-540-57886-2.
1994, 181 Seiten mit 66 Abbildungen. 88,– DM

195 **Bewertung von Rechnerinvestitionen durch den Vergleich von Wertschöpfungsketten**
Von Christian F. Mayer ISBN 3-540-57969-9.
1994, 144 Seiten mit 45 Abbildungen und 24 Tabellen. 88,– DM

196 **Ein Verfahren zur kostenorientierten Produktionsprogramm- und Kapazitätsplanung bei losweiser Montage**
Von J. Kurz ISBN 3-540-57971-0.
1994, 124 Seiten mit 26 Abbildungen und 3 Tabellen. 88,– DM

197 **Direktmontage von Leitungen mit Industrierobotern**
Von Stefan Koller ISBN 3-540-58224-X.
1994, 105 Seiten mit 52 Abbildungen. 88,– DM

198 **Eine objektorientierte Architektur für Leitstände zur Feinplanung**
Von Thomas Otterbein ISBN 3-540-58273-8.
1994, 183 Seiten mit 90 Abbildungen. 88,– DM

199 **Erhöhung der Fertigungssicherheit und -qualität beim Hochdruckwasserstrahlen durch den Einsatz von Sensoren**
Von Michael Knaupp ISBN 3-540-58440-4.
1994, 117 Seiten mit 101 Abbildungen. 88,– DM

200 **Verfahren zur Bewertung von Auftrags-Durchlaufzeiten in den indirekt-produktiven Bereichen von Maschinenbau-Unternehmen**
Von Robert Müller ISBN 3-540-58478-1.
1994, 152 Seiten mit 32 Abbildungen. 88,– DM

201 **Verfahrensprüfstand für das Bearbeiten mit Industrierobotern**
Von Peter Schlaich ISBN 3-540-58510-9.
1994, 114 Seiten mit 60 Abbildungen. 88,– DM

202 **Entwicklung und Optimierung von Prozeßkomponenten zur ionenunterstützten Abscheidung bei PVD-Verfahren**
Von Walter Olbrich ISBN 3-540-58511-7.
1994, 126 Seiten mit 62 Abbildungen und 7 Tabellen. 88,– DM

203 **Verfahren der Konturanalyse zur Automatisierung visueller Prüfvorgänge**
Von Knut Kille ISBN 3-540-58513-3.
1994, 105 Seiten mit 50 Abbildungen und 15 Tabellen. 88,– DM

204 **Verfahren zur Verbesserung der Ausfallsicherheit verteilter Informationssysteme**
Von Helmut Meitner ISBN 3-540-58623-7.
1995, 196 Seiten mit 54 Abbildungen und 13 Tabellen. 88,– DM

205 **Ein unscharfes Planungsverfahren zur mittelfristigen Personalkapazitätsanpassung für die bedarfsorientierte Serienproduktion**
Von Hans-Jürgen Braun ISBN 3-540-58819-1.
1995, 164 Seiten mit 40 Abbildungen und 10 Tabellen. 88,– DM

206 **Rechnergestützte Auslegungsverfahren für Großmanipulatoren mit Gelenkarmkinematik**
Von Werner Engeln ISBN 3-540-58871-X.
1995, 135 Seiten mit 52 Abbildungen und 18 Tabellen. 88,– DM

Montagestrukturplanung für variantenreiche Serienprodukte
Von Ulrich Zeile ISBN 3-540-58937-6.
1995, 122 Seiten mit 65 Abbildungen. 88,– DM

Entwicklung eines objektorientierten Informationssystems zur optimierten Werkstoffauswahl
Von Dietmar R. Fischer ISBN 3-540-58938-4.
1995, 193 Seiten mit 37 Abbildungen und 14 Tabellen. 88,– DM

Entwicklung einer flexibel automatisierten Nähanlage
Von Oliver Krockenberger ISBN 3-540-58939-2.
1995, 122 Seiten mit 75 Abbildungen. 88,– DM

Ultraschallbahnschweißen von Kunststoffteilen mit Industrierobotern
Von Thomas Wagner ISBN 3-540-58940-6.
1995, 93 Seiten mit 37 Abbildungen. 88,– DM

Flexibel automatisierte Montage hochpoliger Rundkabel
Von Ralf Cramer ISBN 3-540-58979-1.
1995, 116 Seiten mit 59 Abbildungen. 88,– DM

Automatische Reparatur elektronischer Baugruppen
Von Thomas Leicht ISBN 3-540-59015-3.
1995, 99 Seiten mit 46 Abbildungen. 88,– DM

Montage von Schlauchschellen mit Industrierobotern
Von Herbert Dreher ISBN 3-540-59035-8.
1995, 103 Seiten mit 63 Abbildungen. 88,– DM

Arbeitsprogrammgenerierung zum Schutzgasschweißen mit Industrierobotersystemen im Schiffbau
Von Peter Schmid ISBN 3-540-59058-7.
1995, 131 Seiten mit 42 Abbildungen. 88,– DM

Flexible Demontage mit dem Industrieroboter am Beispiel von Fernsprech-Endgeräten
Von Martin Kahmeyer ISBN 3-540-59390-X.
1995, 99 Seiten mit 52 Abbildungen. 88,– DM

Der logisch-pragmatische Gebrauch von Konditionalsätzen. Eine dialog-logische Analyse
Von Antonius Jacobus Maria van Hoof ISBN 3-540-59463-9.
1995, 146 Seiten mit 65 Abbildungen. 88,– DM

Arbeits- und organisationspsychologische Interventionen bei der Einführung von Gruppenarbeit in dezentral ausgerichteten Fertigungsinseln
Von Manfred Schlund ISBN 3-540-60012-4.
1995, 426 Seiten mit 24 Abbildungen und 29 Tabellen. 88,– DM

Herstellung geformter Schläuche mit Formdornen aus Formgedächtnislegierung
Von Thomas Weisener ISBN 3-540-60019-1.
1995, 88 Seiten mit 48 Abbildungen. 88,– DM

Benutzerwerkzeuge an Fertigungssteuerungs-Leitständen
Von Manfred Kroneberg ISBN 3-540-60096-5.
1995, 154 Seiten mit 84 Abbildungen. 88,– DM

GPSR Compliance

The European Union's (EU) General Product Safety Regulation (GPSR) is a set of rules that requires consumer products to be safe and our obligations to ensure this.

If you have any concerns about our products, you can contact us on ProductSafety@springernature.com

In case Publisher is established outside the EU, the EU authorized representative is:

Springer Nature Customer Service Center GmbH
Europaplatz 3
69115 Heidelberg, Germany

Batch number: 10844623

Printed by Printforce, the Netherlands